»Über den Markterfolg eines Startups
entscheidet nicht das am Anfang verfügbare Investitionskapital,
sondern ein professionell gestalteter Innovationsprozess.«

SVEN VON LOH

Bibliografische Information der Deutschen Nationalbibliothek:
Die Deutsche Nationalbibliothek verzeichnet diese Publikation in der Deutschen National-
bibliografie; detaillierte bibliografische Daten sind im Internet über http://dnb.d-nb.de abrufbar.

© 2015 by Sven von Loh
Internet: www.svenvonloh.de | E-Mail: mail@svenvonloh.de

Auflage: 1. Auflage im Mai 2015
Verlag: GoingPublic Media AG, München

Buchgestaltung: Sonja Leppin
Idee Cover: Sandra Betz
Printed in Germany

ISBN 978-3-9430-2167-7

Sven von Loh
RICHTIG DICKE FISCHE ANGELN

RICHTIG
DICKE FISCHE
ANGELN

DER BEWERTUNGS- UND FINANZIERUNGSLEITFADEN
FÜR INVESTOREN & STARTUPS

Sven von Loh

INHALT

DR. PETER GÜLLMANN

SPRECHER DES VORSTANDES,
BUNDESVERBAND DEUTSCHER KAPITALBETEILIGUNGSGESELLSCHAFTEN E.V.

*Der Bundesverband Deutscher Kapitalbeteiligungsgesellschaften (BVK) ist die
Interessenvertretung der Private-Equity-Branche in Deutschland.
Diese umfasst die Private-Equity-Gesellschaften – von Venture Capital über
Wachstumsfinanzierung bis zum Buy-Out-Bereich – sowie die institutionellen
Investoren, die in Private Equity investieren. Der BVK vertritt rund 300 Mit-
glieder, davon 200 Beteiligungsgesellschaften. Ziel des BVK ist die Schaffung eines
bestmöglichen Umfelds für Beteiligungskapital in Deutschland.*

VORWORT 1

Der Innovationsstandort Deutschland steht vor einer großen Herausforderung. Einerseits muss sich die deutsche Wirtschaft dringend wandeln, um ihren weltweiten Technologievorsprung auch in Zukunft zu wahren. Andererseits müssen hierzulande endlich die Rahmenbedingungen geschaffen werden, damit innovative High-Tech-Unternehmen leichter und gezielter finanzielle Unterstützung erhalten. Und in beiden Entwicklungen besteht ein großer Nachholbedarf.

Global befindet sich die Wirtschaft an der Schwelle eines neuen Quantensprungs. Die unter dem Begriff »Industrie 4.0« bezeichneten Veränderungen der Digitalisierung und Vernetzungen der Produktionsketten werden die Unternehmenswelt genauso revolutionieren wie einst die Dampfmaschine. Während Deutschland sich allerdings bei der Optimierung der industriellen Fertigung durch seine herausragenden Fähigkeiten im Maschinenbau oder in der Elektronik zu einer der wichtigsten Adressen in der Welt entwickelt hat, besteht die Gefahr, diese Spitzenposition im anstehenden Strukturwandel zu verlieren. Industrie 4.0 bedeutet gerade für die traditionellen Branchen einen enormen Innovationsschub, da alte Verfahren mit neuen Technologien digital verknüpft werden. Nach dem jahrelangen Auslagern von Produktionsstätten in Billiglohnländer winken Deutschland damit Chancen einer Re-Industrialisierung.

Doch dafür brauchen wir eine Kultur, die nicht Altes verwaltet, sondern neue Wege konsequent erobert.

Gelingen kann das nur mit Menschen, die mit Begeisterung unternehmerisch tätig sind und Deutschland zum Vorreiter der Digitalisierung machen wollen. Und diese neuen Wege sind auch nur möglich, wenn ausreichend Kapital verfügbar ist, um neue Entwicklungen zu fördern. Leider ist Deutschland da alles andere als ein Vorbild. Obwohl das deutsche Bildungssystem immer wieder hervorragende Köpfe, Ideen und Startups hervorbringt, wird seit Jahren immer weniger Venture Capital investiert. Die Ursachen hierfür sind offensichtlich: Bis auf wenige öffentlich-rechtliche Institutionen *(z. B. EIF, NRW.BANK, Bayern Kapital, IBB, KfW)* gibt es kaum noch institutionelle Investoren, die bereit sind, größere Summen in diesem Segment zu investieren.

Die Anzahl der aktiven Venture Capital-Geber in Deutschland hat sich in den letzten Jahren stark rückläufig entwickelt. Finanzierungsrunden von Unternehmen scheitern immer häufiger daran, dass die wenigen investitionswilligen Fonds kaum noch Konsortialpartner für eine Beteiligung finden. Das größte Risiko, mit dem ein junges innovatives Unternehmen heute umzugehen hat, ist daher nicht mehr das branchenimmanente Technologie- bzw. Marktrisiko, sondern tatsächlich das Finanzierungsrisiko. Die Folgen dieses zunehmenden Mangels an Venture Capital sind heute schon sichtbar. Insbesondere im biopharmazeutischen Bereich werden etwa Life Sciences-Unternehmen immer seltener finanziert. Setzt sich dieser Trend fort, wird das Thema Biopharma mittelfristig in Deutschland wohl kaum noch vertreten sein.

Zwar erkennt die Politik mittlerweile die bedeutende Rolle der Venture Capital-Branche für den Aufbau eines innovativen Wirtschaftsstandortes. Aber immer noch wird die deutsche Beteiligungsbranche maßgeblich durch die hierzulande herrschenden Rahmenbedingungen gebremst. Ein Hoffnungsschimmer ist in diesem Zusammenhang, dass die Bundesregierung in ihrer Digitalen Agenda 2014-2017 die Verbesserung der Finanzierungsbedingungen für Startups ankündigt. Es sollen endlich international wettbewerbsfähige Rahmenbedingungen für Wagniskapital geschaffen werden.

Es bleibt abzuwarten, ob dieser Ankündigung auch Taten folgen. Die Venture Capital-Branche braucht ein Gesetz, das ein gründerfreundliches Klima für Startups schafft. Internationale Standards wie die Festschreibung der Steuertransparenz und der Verzicht auf Umsatzsteuer auf das Management sind für Deutschland zwingend notwendig. Wenn hier nicht gehandelt wird, besteht die Gefahr, dass Deutschland und die einheimische Venture Capital-Branche, an internationalen Maßstäben gemessen, den Anschluss verliert.

Dabei sei noch einmal betont: Beteiligungskapitalgeber sind der Motor für wirtschaftliche Entwicklung und Zukunft. Nur mit Hilfe von Venture Capital können deutsche Unternehmen eine gesunde Kapitalbasis aufbauen, mit der sie ihr Know-how konkret umsetzen und Innovation sowie Wachstum voranbringen. Im Gründungsbereich ist Wagniskapital überhaupt nicht mehr wegzudenken. In den USA, aber auch in Skandinavien und Großbritannien, ist Beteiligungskapital längst von der Politik und der Gesellschaft vollständig akzeptiert. Dort herrscht eine lange Private Equity-Tradition – und die gilt es, auch in Deutschland zu schaffen.

Deshalb ist es so wichtig, dass auch hierzulande alles getan wird, eine breite Unterstützung in der Öffentlichkeit zu initiieren. Das vorliegende Buch leistet dabei einen wertvollen Beitrag. Autor und Startup-Experte Sven von Loh hat einen wegweisenden Finanzierungs- und Bewertungsleitfaden entwickelt, der Gründern und Investoren nicht nur einen ganz konkreten Pfad zu einer vertrauensvollen und auf Wachstum ausgerichteten Zusammenarbeit weist. Ihm ist es vor allem gelungen, die Themen »Unternehmensfinanzierung« und »Innovation« in einen Gesamtkontext einzuweben, der die enorme Bedeutung von innovativen Startups und einem effizienten Beteiligungsmarkt für Deutschland herausarbeitet. Zwar mahnt auch von Loh die große Verantwortung der Politik und die notwendigen Reformen der Rahmenbedingungen an. Aber sein Hauptverdienst ist es, Gründern und Investoren aufzuzeigen, dass sie es selbst in der Hand haben, Deutschland dauerhaft zu einem innovativen Vorreiter in der globalen Wirtschaft zu gestalten. Dabei spürt der Leser, dass von Loh seine Ausführungen immer auf der Basis seiner eigenen intensiven

Erfahrungen, seiner Erfolge und Fehler als Unternehmer und Berater illustriert. Es ist dieser Praxisbezug, der jeden interessierten Gründer zum sofortigen Hinterfragen der eigenen Alltagsarbeit anregt. Diese Bereitschaft zur Veränderung ist der Schlüssel zu einem führenden Innovationsstandort Deutschland. Und von Lohs Leitfaden macht Mut dazu.

Düsseldorf im April 2015

DR. PETER GÜLLMANN
Sprecher des Vorstandes, Bundesverband Deutscher Kapitalbeteiligungsgesellschaften e. V.

CHRISTIAN LINDNER

BUNDESVORSITZENDER DER FREIEN DEMOKRATISCHEN PARTEI (FDP)
SOWIE VORSITZENDER DES LANDESVERBANDS UND DER FDP-LANDTAGSFFAKTION IN NRW

Christian Lindner, MdL ist seit der Landtagswahl im Mai 2012 Mitglied
des Landtages, Vorsitzender der Landtagsfraktion und des Landesverbandes der
FDP in Nordrhein-Westfalen. Nach einer historischen Zäsur für die FDP,
bei der Bundestagswahl 2013, wurde Lindner am 7. Dezember 2013
zum Bundesvorsitzenden der FDP gewählt.

VORWORT 2

»Deutschland benötigt eine wirkliche Gründungskultur« – in Wahrheit ist das längst eine Binsenweisheit. Viele Appelle sind gut gemeint, doch sind die Worte verhallt, geht es oftmals weiter mit business as usual. Dabei ist klar: Die Wettbewerbsfähigkeit Deutschlands und damit unser Wohlstand hängen angesichts der zunehmenden globalen Verflechtung und der Digitalisierung aller Lebensbereiche davon ab, ob und wie sich zukünftig in Wirtschaft und Gesellschaft Innovationskraft tatsächlich entfaltet.

Kein Zweifel, Deutschland benötigt ambitionierte Startups und junge Unternehmen mit außergewöhnlichen Ideen, neuen Geschäftsmodellen und – im Ideal – disruptiven Produkten bzw. Dienstleistungen. Nur dann können wir uns dauerhaft gegenüber den internationalen Herausforderungen behaupten. Ein grundlegender Wandel der Gründungskultur setzt voraus, dass die Menschen hierzulande umdenken. Eine Aufgabe für Gesellschaft und Politik gleichermaßen. Bereits in den Schulen und Universitäten gilt es, den Grundstein zu legen, dass aus klugen Köpfen erfolgreiche Unternehmer werden können.

Unternehmer sind die Motoren der technologischen Entwicklung und damit der Wirtschaft wie der Gesellschaft. Vielfach haben wir uns aber eingerichtet und das inzwischen vergessen. Schlimmer noch: In der öffentlichen Wahrnehmung ist das Image von

Unternehmern und Selbstständigen häufig negativ besetzt. Dabei basiert der heutige Wohlstand allein auf dem Ideenreichtum und dem Engagement aufstrebender Unternehmer, die sich in den vergangenen Jahrzehnten im Wettbewerb behauptet haben.

Das immer weitere Ausgreifen des Wohlfahrtsstaats, Erhaltungssubventionen und Bürgschaften für kriselnde Unternehmen seitens des Staates haben dazu geführt, dass viele Deutsche vor allem nach Sicherheit streben. Unternehmerische Freiheit und Verantwortung, eng verbunden mit einer Selbstständigkeit, empfinden viele Bürgerinnen und Bürger daher nicht als Chance, sondern in erster Linie als Risiko. Oder als Störung der individuellen Komfortzone.

So überrascht es nicht, dass Deutschland laut dem »Global Entrepreneurship Monitor« *(GEM)* im Vergleich der 26 führenden innovationsbasierten Volkswirtschaften weit abgeschlagen auf dem 22. Platz rangiert. In Ländern wie Israel war die GEM-Gründerquote im Jahr 2013 doppelt so hoch wie in Deutschland. Gegenüber den USA schneiden wir noch weit schlechter ab.

Vor allem bei jungen Menschen zwischen 18 und 24 Jahren zeigt sich, wie sehr sich die Gründungskulturen unterscheiden. In Israel zum Beispiel gründen dreimal mehr 18–24-Jährige ihr eigenes Unternehmen als in Deutschland. In den USA sind es sogar 400 Prozent mehr. Die Wahrscheinlichkeit, dass die nächste große technologische Innovation aus Deutschland kommen wird, ist demzufolge eher gering.

Diese Zahlen zeigen: Wir müssen heute und bei uns selbst beginnen, die Gründungskultur zu verändern, und das nachhaltig. Wir benötigen junge, kreative Unternehmertypen, die eigeninitiativ, dynamisch und risikobereit sind. Wir brauchen Startups, die die vorhandenen Chancen für technologisch anspruchsvolle Gründungen mit Freude nutzen. Wir brauchen eine Politik, die die Rahmenbedingungen so verändert, dass es Gründern leichter fällt, erfolgreich zu werden. Und wir brauchen eine Gesellschaft, die diejenigen fördert und unterstützt, die den Schritt in die Selbstständigkeit wagen.

Gründer müssen wissen und spüren, wie wichtig sie für unser Land sind. Sofern notwendig, müssen sie eine zweite und dritte Chancen bekommen. Aufgabe der Politik ist es, für ein gründer- und beteiligungsfreundliches Klima zu sorgen. Wesentlich dabei ist ein Bekenntnis zu einer Technologieoffenheit und Innovationsfreude.

Das beginnt in den Köpfen der Menschen. Und zwar bereits in der Schule. Was an der Schule durch Kooperationen mit der Wirtschaft, speziell mit innovativen Unternehmen anfängt, sollte an der Hochschule fortgesetzt und vertieft werden. Unternehmertum muss Teil eines Lehrplans sein. Unabhängig davon, was man studiert. Denn in den Köpfen, wie gesagt, fängt es an.

Kapital ist die zweite wichtige Komponente im Startup-Eco-System: Kapitalgeber wie Business Angels und Seed-Fonds-

Initiativen benötigen daher verlässliche rechtliche Rahmenbedingungen und motivierende Instrumente. So bekommen
Gründer einen leichteren Zugang zum Wagniskapital. Denn
Investoren beteiligen sich gern an innovativen Projekten, doch
das möglich einfach. Darum gilt es, steuerliche und adminis-
trative Hemmnisse zu beseitigen.

Die dritte Säule bildet die Vernetzung und Kooperation von
Gründern und Investoren im Rahmen eines Innovationsnetz-
werks, so wie es uns andere Länder schon vormachen. Themen-
cluster mit Fokus auf Schlüsselstandorte und Regionen stellen
gerade vor dem Hintergrund einer digitalisierten Industrie eine
Chance für unser Land dar.

Selbst die beste Gründungskultur nutzt wenig, wenn das Zusam-
menwirken von Startups und Investoren nicht funktioniert. Das
vorliegende Buch macht sich darum verdient. Sven von Loh
sensibilisiert mit Sachverstand Gründer wie Kapitalgeber für die
jeweils andere Perspektive. Spannend sind die Einblicke, die er
in die Denk- und Handlungsweisen von Wagniskapitalgebern
gewährt. Zudem reflektiert er in einer gelungenen Kombination
aus Tiefe und Breite, welche Faktoren den Unternehmenserfolg
begünstigen, was bei der Finanzierung zu beachten ist und welche Lehren Startups aus diesen Befunden ziehen sollten.

Klar thematisiert er, woran es der deutschen Wirtschaft oftmals mangelt – etwa fehlt die Kompetenz, aus viel versprechenden Ideen erfolgreiche Produkte bzw. Dienstleistungen zu

machen. Nicht zufällig ist der deutsche Markt für Risikokapital rückläufig. Auch zu den Defiziten und Hausaufgaben der Politik spricht er Klartext. Spannend und wohl begründet wird dargelegt, unter welchen Voraussetzungen Startups zum Innovations- und Jobmotor für die Wirtschaft werden können.

Ich bin überzeugt, dass dieses wichtige Buch von Investoren und Gründern mit Gewinn gelesen werden wird. Empfehlen möchte ich es auch denjenigen, die sich generell mit Wirtschaftsthemen befassen und verstehen möchten, welche Trends Gesellschaft und Wirtschaft aktuell beeinflussen und was es braucht, um renditestarke Firmen zu etablieren, die hoch qualifizierte Arbeitsplätze schaffen.

Düsseldorf im April 2015

Christian Lindner
*Bundesvorsitzender der Freien Demokratischen Partei (FDP)
sowie Vorsitzender des Landesverbands und der FDP-Landtagsfraktion in NRW.*

WOLFGANG LUBERT

VORSTANDSVORSITZENDER DES PRIVATE EQUITY FORUM NRW E.V. (PEF)

*Wolfgang Lubert ist Vorstandsvorsitzender des Private Equity Forum NRW e.V. (PEF),
ein Netzwerk für Venture Capital und Private Equity in Nordrhein-Westfalen.
Getragen wird das PEF von rund 45 eng mit der Branche verbundenen Mitgliedern,
etwa PF-Fonds, Banken, Beratungs- sowie M&A-Häus...*

VORWORT 3

Noch gehört Deutschland zu den größten Volkswirtschaften der Welt. Laut einer neuen Studie der Wirtschaftsprüfungsgesellschaft PricewaterhouseCoopers drohen wir jedoch, in den nächsten Jahrzehnten von aktuell Platz 5 auf den zehnten Rang zurückzufallen. Viele internationale Investoren wenden sich bereits von den alternden und stagnierenden Volkswirtschaften Europas ab. Es wird also höchste Zeit, diesem Bedeutungsverlust Deutschlands entgegenzusteuern, anstatt zuzusehen, wie eine über Jahrzehnte gereifte Reputation, die mit »Made in Germany« schlechthin als Sinnbild für Innovation, Qualität und Mittelstand steht, langsam den Bach runter geht.

Und genau hier liegt der Hase im Pfeffer: Noch verfügt die deutsche Wirtschaft über gute Substanz. Mangels eines ausreichenden Nachschubs an jungen Unternehmen mit neuen, innovativen Technologien und Geschäftsmodellen könnte der Versorgungskanal aber langsam austrocknen.

Dabei fehlt es in unserem Land weder an kreativen Erfindungen noch an ausreichenden Ideen für attraktive Unternehmensgründungen. Woran es bei uns wirklich mangelt, ist eine echte Gründungskultur. Gründen in Deutschland ist nicht sexy. Statt als Königsdisziplin zu gelten und gesellschaftliche Wertschätzung zu erhalten, sehen sich Gründer mit teils argwöhnischen Berichten konfrontiert. Und wer tatsächlich mit seinem Vorhaben scheitert, muss Häme aushalten wie »Haben wir uns doch gleich gedacht, dass das nichts wird!«. Die Kultur des Scheiterns ist verbesserungswürdig. Scheitern sollte erlaubt sein und darf nicht als persönliches Versagen lebenslänglich geächtet werden. Nach einem Flop sollte eine zweite Chance selbstverständlich sein. Auch das Scheitern beinhaltet schließlich Erfahrungen und einen unternehmerischen Erfahrungsgewinn, der beim nächsten Vorhaben entscheidend für den Erfolg sein kann.

Eine funktionierende Gründungskultur erfordert allerdings auch eine funktionierende Finanzierungsszene. Gründer mit einer brillanten Idee, einem visionären Produkt und strategischer Kompetenz benötigen Kapitalgeber, die sie dabei unterstützen, neue Märkte zu erschließen und schnell zu wachsen. Deutschland ist bezogen auf Venture Capital *(VC)* indes immer noch ein Entwicklungsland und rangiert im internationalen Vergleich auf einem der hinteren Plätze. Nicht nur, dass die Zahl der Anbieter viel zu gering ist, sondern es gibt darüber hinaus zu wenige Fonds und Investoren, die auch große Summen investieren können. Die sind nämlich immer dann erforderlich, wenn sich ein einst kleines Startup aus den Kinderschuhen herausentwickelt hat und zum internationalen Champion aufgebaut werden soll.

Nun muss jedoch auch betont werden, dass VC in Deutschland noch ein sehr junger Markt ist, der vor etwas mehr als 20 Jahren erst seinen Anfang nahm, während die VC-Tradition insbesondere auf den angloamerikanischen Märkten bis in die 1950er-Jahre zurückreicht. Kein Wunder also, dass unsere Investorenlandschaft und das Kapitalangebot noch lange nicht so üppig gediehen ist wie jenseits des großen Teichs. Das dauert halt seine Zeit und wird auch noch einige Jahre benötigen. Wichtig ist nur, dass wir damit aufhören, diese Entwicklung durch hämische Diskussionen über Unternehmensscheiterungen sowie völlig entbehrliche Feindbilder, etwa über einfallende Heuschreckenscharen, unnötig zu bremsen und damit das Image der VC-/PE-Branche immer wieder erneut durch den Kakao zu ziehen. Dabei gibt es doch viel Gutes zu berichten: Durch die Tätigkeit von Investoren sind in den letzten Jahren rund eine Million neue Arbeitsplätze in unserem Land entstanden. Zudem konnten mit Unterstützung von VC-/PE-Investoren rund 10.000 kleine und mittlere Unternehmen ihre Eigenkapitalbasis und damit ihre Wettbewerbsfähigkeit mitunter signifikant verbessern.

Halten wir also fest, dass sich der PE- und VC-Markt in Deutschland sukzessive zwar etabliert, aber immer noch einiges an Wegstrecke vor uns liegt. So werden wir insbesondere im Bereich der Frühphasenfinanzierung damit leben müssen, dass das Angebot an Venture Capital auch weiterhin eher überschaubar sein wird.

Angesichts dieser Situation ist es für Gründer unbedingt erforderlich zu wissen, wie Investoren »ticken«, was sie benötigen und unter welchen Voraussetzungen sie bereit sind, sich an einem Vorhaben zu beteiligen. Denn in der Regel kommt eine Chance, das eigene Vorhaben Investoren zu präsentieren, nicht so schnell wieder.

Umso wertvoller ist Sven von Lohs Buch. Der Szene-Insider zeigt, welche Erwartungshaltung Business Angel, Private Equity-Fonds und andere Risikokapitalgeber haben und wie sich das Miteinander von Gründern und VC-Investoren optimieren lässt. Denn darum geht es: Startups und VC-Geber müssen verlässlich und verantwortlich Hand in Hand zusammenarbeiten. Schließlich gehen viele Gründer ein hohes persönliches Risiko ein, um ihr Idee zu realisieren, während Investoren das ihnen von Dritten anvertraute Kapital einsetzen. Beide haben also viel zu verlieren, wenn ein Vorhaben scheitert.

Mehr Verbindlichkeit im Miteinander zwischen Gründern und VC-Investoren setzt voraus, die jeweils andere Perspektive genau zu kennen. Dies zu vermitteln, ist von Loh in beeindruckender Weise gelungen, indem er durch Zuhilfenahme seiner eigenen Unternehmerbrille darstellt, was der jeweils andere wirklich benötigt, um sich eine qualifizierte Meinung bilden und ein Komfortgefühl entwickeln zu können. So zeigt er zum Beispiel auf, dass für eine echte Nutzenstiftung eines Produkts oder einer Leistung immer ein konkretes, sehr genau zu definierendes Wertversprechen erforderlich ist. Zudem beschreibt er, worauf es hier ganz konkret ankommt und wie man sich der Thematik methodisch nähert. Auch geht er darauf ein, unter welchen Voraussetzungen Investoren ernsthaft interessiert sind, sich an einem Vorhaben zu beteiligen und wie sich der Prozess der Zusammenarbeit bis zum Exit erfolgreich gestalten lässt. Diese Tiefe seiner Ausführungen und die dadurch vermittelte Transparenz sind neu und für den Leser mit hohem Nutzwert verbunden.

Für Gründer ist von Lohs Buch daher geradezu eine Pflichtlektüre. Auch VC-Experten bietet es jede Menge interessanten Lesestoff, dessen Konsum nützliche Erkenntnisse bietet. In diesem Sinne erfolgreiches Schmökern!

Düsseldorf im April 2015

Wolfgang Lubert
Vorstandsvorsitzender
Private Equity Forum NRW e.V.

STARTUPS
ENTWICKELN

Teil I ~

Die **WELT** im
WANDEL

1

1 DIE WELT IM WANDEL

Der Schritt zur Informationsgesellschaft bringt ganz neue Geschäftsmodelle hervor – und das immer schneller. Damit steigt der Bedarf an Risikokapital stetig. Gleichzeitig ist der deutsche Venture Capital-Markt im Gegensatz zur weltweiten Entwicklung rückläufig. Diese Entwicklung verlangt hierzulande bessere politische Rahmenbedingungen für die Startup-Finanzierung. Außerdem müssen Unternehmer das Produkt Venture Capital umfassend verstehen lernen und es richtig in den Lebenszyklus ihrer Firma integrieren. Wichtiger jedoch: Gründer und Investoren müssen gemeinsam eine vertrauensvolle Zusammenarbeit aufbauen.

Gemeinsam etwas bewegen. Das ist auch in einer modernen, global vernetzten Welt eine der größten Herausforderungen. Neueste Kommunikationstechnologien, ständige Erreichbarkeit oder überall verfügbares Wissen sind kein Garant dafür, dass Menschen sich gemeinsam für eine Sache stark machen, die gleiche Begeisterung teilen und zusammen Verantwortung übernehmen. Dabei ist es unbestritten, dass wir Großes erst im Verbund bewirken können. Die Bereitschaft dazu ist jedoch nicht abhängig von äußeren technologischen Gegebenheiten. Erfolgreiche Zusammenarbeit ist immer eine Frage der persönlichen Einstellung und der Einsicht, dass Leben nichts anderes ist als Veränderung.

Geniale Ideen und bahnbrechende Entwicklungen können erst dann das Licht der Welt erblicken, wenn die Menschen bereit zum Wandel sind. Der Blick in die Geschichte belegt das eindrucksvoll. Nicht nur technologisch, gerade auch gesellschaftlich und psychisch befindet sich alles permanent in Veränderung. Das hält Gesellschaften lebendig und macht Volkswirtschaften wettbewerbsfähig. So lebt eine Wirtschaft nicht nur davon, dass neue Technologien und Produkte Märkte sowie komplette Ökosysteme laufend revolutionieren. Auch notwendige rechtliche Anpassungen in Form von gerechteren Beschäftigungsgesetzen oder sich wandelnde innere Einstellungen, wie das Bedürfnis nach flexibleren Jobs oder Heimarbeit, prägen die Zusammenarbeit in Unternehmen immer wieder neu. Ohne diesen Mut zum Wandel würden wir heute in Deutschland nicht Freiheit, Demokratie, soziale Absicherung, Bildung und Wohlstand genießen. Wir dürfen das nicht verspielen.

Die treibende Kraft der Veränderung sind einerseits all die Menschen, die ihre Vorstellungen von einer neuen Welt unternehmerisch gestalten wollen. Andererseits erfordert Wandel auch immer Menschen, die mit ihrem Vermögen umwälzende Projekte unterstützen und daran verdienen möchten. Eine gut funktionierende Zusammenarbeit zwischen Gründern und Investoren formt das Gerüst einer Gesellschaft, die ihre Potenziale voll entfaltet. Die Voraussetzungen für diese enge Kooperation sind nicht einfach. Sowohl Gründer als auch Investoren sind individuellen Rahmenbedingungen ausgesetzt und arbeiten aus unterschiedlichen Motiven und Pflichten heraus – was zu ganz verschiedenen Sichtweisen führt. Daher erfordert es Offenheit und viel Arbeit, damit beide Seiten vertrauensvoll zusammenfinden, um gemeinsam etwas zu bewegen.

WACHSENDER MUT ZUR SELBSTSTÄNDIGKEIT

Wie sieht es hierzulande aber mit der Bereitschaft zu diesem Wandel aus? Aktuelle Untersuchungen deuten darauf hin, dass die Deutschen wieder mehr Mut fassen, sich selbstständig zu machen – obwohl die Zahl der hauptberuflichen Gründer, vor allem im Hightech-Bereich, seit Jahren rückläufig ist und Deutschland mit seinen Gründerquoten im internationalen Vergleich einen hinteren Platz einnimmt. Hohe Einstiegsgehälter, aussichtsreiche Karriereperspektiven im Angestelltenverhältnis und ein ausgeprägtes Sicherheitsdenken haben bislang verhindert, dass das Streben nach einem eigenen Unternehmen unter deutschen Technologen genauso hoch angesehen ist wie bei ihren amerikanischen Kollegen. Doch seit einiger Zeit wagen immer mehr Menschen hierzulande im Nebenjob den Sprung in die Selbstständigkeit. Ihre Zahl betrug laut dem KfW-Gründungsmonitor in 2013/2014 knapp 560.000. Zudem steigt die Gruppe der allein startenden Vollerwerbsgründer, die Arbeitsplätze schaffen, seit 2007 deutlich. Beide Entwicklungen demonstrieren die ungebrochene Kreativität und das unternehmerische Potenzial der Deutschen. Denn eines darf nicht vergessen werden: Viele Nebenerwerbsgründer und Solounternehmer sind die Voraussetzung dafür, dass in einer Gesellschaft erfolgreiche Startups entstehen. Nicht nur Bill Gates oder Steve

Jobs haben nebenbei in der Garage ihrer Eltern angefangen. So zeigen sich inzwischen auch auf dem Venture Capital-Markt Geschäftsmodelle, bei denen die Gründer nach Feierabend ihr eigenes Unternehmen starteten.

Die Bedeutung dieser beiden Gründergruppen tritt noch deutlicher hervor, wenn die Entwicklung überregionaler Innovationen betrachtet wird. So war der Anteil der Gründer, die Marktneuheiten einführen, in 2013 laut KfW-Gründungsmonitor mit 11 Prozent so hoch wie nie. Ein kleiner Teil dieser Innovationen hat das Potenzial, im Sinne Josef Schumpeters »schöpferischer Zerstörung« die Volkswirtschaft und Wettbewerbsfähigkeit Deutschlands zu verbessern. Kein Wunder, dass der Finanzierungsbedarf der deutschen Gründer stetig wächst. Rund 10 Milliarden Euro benötigten die jungen Unternehmer als Startkapital in 2013. Etwa 434 Millionen Euro wurden dabei von Risikokapitalgebern für Seed & Early Stage Investments zur Verfügung gestellt, wie Statistiken vom Bundesverband Deutscher Kapitalbeteiligungsgesellschaften e. V. *(BVK)* belegen. Vier Jahre zuvor lag der Gesamtbedarf noch bei einem Drittel und in Bezug auf Risikokapital für Seed & Early Stage Investments bei etwa 402 Millionen Euro.

Deutschlands politische und wirtschaftliche Stellung in der Welt erfordert nicht nur Rahmenbedingungen, die eine solche Gründerkultur langfristig stärken. Viel entscheidender ist: Wenn unsere Gesellschaft auf Dauer im internationalen Wettbewerb bestehen will, braucht sie als einen wichtigen Baustein auch eine effektive Zusammenarbeit zwischen Startups und Investoren. Die steht jedoch auf dem Spiel, denn der Markt für Venture

Capital ist rückläufig. Zugleich wird das Risikokapital dringender denn je benötigt. Diese Lücke muss endlich geschlossen werden. Schließlich bringt der Übergang ins Informationszeitalter ganz neue Unternehmensformen sowie Geschäftsmodelle hervor, die die Volkswirtschaften auf Dauer prägen und deren Zukunft sichern werden.

Die mobile Kommunikation per Internet etwa revolutioniert das Zusammenleben und die Zusammenarbeit in allen Lebensbereichen und stellt mehr als andere Technologien die gewohnten Strukturen in Frage. Aktuelles Beispiel ist das Thema »Industrie 4.0«. Mit diesem Zukunftsprojekt strebt die Bundesregierung an, klassische Industrien wie die Produktionstechnik mit Hilfe der Informationstechnologie zu Vorreitern der intelligenten Fabrik zu machen. Die sogenannte Smart Factory soll Ressourcen effizient einsetzen, auf Marktveränderungen schnell reagieren, hohe ergonomische Standards setzen und Kunden sowie Geschäftspartner unmittelbar in den Fertigungsprozess integrieren.

Die Auswirkungen dieser Revolution erstrecken sich allerdings weit über die Firmen hinaus. Alle gesellschaftlichen und wirtschaftlichen Bereiche von der Produktion über das Kaufverhalten und die Geschäftsmodelle bis hin zur Art, wie die Menschen lernen oder sich am demokratischen Prozess beteiligen, werden im Zuge der intelligenten Fabrik vom Wandel erfasst. So erkennen immer mehr Menschen, dass das traditionelle Streben nach materiellem Wachstum, die Ausbeutung von Ressourcen und Menschen sowie das Statusdenken so nicht weitergehen können. In unserer Welt, in der fast alle materiellen Bedürfnisse gesättigt sind, müssen Politiker, Unternehmer, Investoren und Konsumenten umdenken und sich dem Thema »Nachhaltigkeit« öffnen. Wohlstand lässt sich nicht mehr durch eine Wegwerf-kultur steigern, sondern nur noch durch die intelligente Nut-zung von Energie und Ressourcen. Damit das gelingt, müssen Gründer und Investoren an einem Strang ziehen.

Was wir brauchen, sind Unternehmen und Produkte, die die Welt wirklich besser machen. Ein eingängiges Beispiel dafür ist die kalifornische Firma Tesla. Das Hightech-Unternehmen hat als erstes das Potenzial entwickelt, Elektroautos weltweit markt-fähig zu machen. Ein weiterer Revolutionär ist der Computer-Pionier Apple, der mit Hilfe von iPhone, iPad und iTunes eine ganz neue Kommunikations- und Unterhaltungswelt sowie ein bislang unvorstellbares Kundenverhalten kreiert hat.

Auch in Deutschland sind solche Vorreiter zu finden. Innovative Impulse im Energiesektor setzen etwa das Ber-liner Startup Qinous und die Münchener Entelios AG. Qinous hat ein Energiespeichersystem entwickelt, das entlegene Orte wie Inseln oder kleine Dörfer, die nicht mit dem allgemeinen Stromnetz verbunden sind, zu 100 Prozent mit erneuerbaren Energien versorgen kann. Gleichzeitig senkt das Plug-and-Play-System Stromkosten und den CO_2-Ausstoß. Entelios ist ebenfalls ein Pionier in der neuen Cleantech-Branche. Mit sei-nem Demand Response-Verfahren will das 2011 an den Start gegangene Unternehmen das Stromnetz so intelligent steuern, dass erneuerbare Energien stärker gefördert werden und die Elektromobilität in großem Maßstab realisiert wird. Die Berliner ECF Farmsystems arbeitet dagegen derzeit am Aufbau Europas größter Aquaponik-Farm. Mit dem patentierten Aquaponik-System will das Startup ab 2015 in Berlin 25 t Fisch und 35 t hochwertiges Gemüse klimaschonend produzieren. Alle diese Unternehmen wären ohne Venture Capital nicht möglich gewesen. Was diese Projekte verbindet, ist ihr großes Potenzial und ihre tragfähige Idee. Nur auf dieser Basis ist langfristig Erfolg möglich und kann Deutschland auf Dauer seine Wettbewerbsfähigkeit aufrechterhalten.

NEUE IMPULSE FÜR INVESTOREN

Deutschland braucht mehr von diesen Innovatoren, die bereit sind, Risiken einzugehen und neue Ideen zu entwickeln. Politiker und Wirtschaftsverbände fordern seit Jahren eine kontinuierliche Aufbruchstimmung, wie sie in der DNA der amerikanischen Kultur verankert scheint. Wenn es um die Frühfinanzierung von Startups geht – die sogenannten Seed und Early Stage-Phase mit ihrem Kapitalbedarf zwischen 100.000 € und 1 Million Euro –, dann ist zwar trotz begrenzter Mittel durchaus genug Geld für gute Ideen vorhanden. Doch für Folgefinanzierungen, die für den langfristigen Erfolg von Gründungsprojekten, insbesondere für den Übergang vom Startup zum Wachstumsunternehmen, essenziell wichtig sind, fehlen die inländischen Mittel.

Im Zeitraum von 2011 bis 2013 wurden nach Auswertungen vom BVK in Deutschland zwar rund 2 Milliarden Euro Venture Capital in vielversprechende Startups investiert. Gemessen am Anteil des Bruttoinlandsprodukts liegt Deutschland damit in Europa aber nur auf einem hinteren Platz, weit hinter kleinen Volkswirtschaften wie Finnland, Irland, Schweden oder der Schweiz, die zum Teil, bezogen auf ihre Wirtschaftskraft, doppelt so viel Risikokapital aufbringen. Im Vergleich zu den USA wird sogar noch deutlicher, wie viel innovatives Potenzial die deutsche Wirtschaft verschenkt. In den selben Jahren 2011 bis 2013 investierten die Amerikaner mehr als 30-mal so viel Venture Capital. Und die Unternehmen, die mit Risikokapital finanziert wurden, erwirtschafteten inzwischen rund ein Fünftel des Bruttoinlandsprodukts und beschäftigen elf Prozent aller privaten US-Arbeitnehmer. Das zeigt, welchen Weg Deutschland gehen muss, dies umso dringender, als aus meiner Sicht diese Innovationskraft aus den USA noch gar nicht voll im Weltmarkt zu spüren ist, sondern erst noch ihr volles Potenzial zeigen wird.

Wenn es um den Innovationstreibstoff Venture Capital geht, besteht in Deutschland ein enormer Nachholbedarf. Die deutsche Wirtschaft ist nur dann auf Dauer international wettbewerbsfähig, wenn ein vollständig funktionierender Risikokapitalmarkt existiert. Die Bundesregierung verspricht zwar in ihrem Koalitionsvertrag, »Deutschland als Investitionsstandort für Wagniskapital international attraktiv zu machen«. Doch bislang ist wenig passiert, und es scheint eher so, dass die Politik ihre Versprechen auf Eis gelegt hat.

EINE NEUE GRÜNDERKULTUR
FÜR DAS INFORMATIONSZEITALTER

In Deutschland herrscht somit ein Startup-Umfeld, das in der Welt der globalen Vernetzung und ihrer neuen Arbeitsbedingungen anscheinend noch nicht vollständig angekommen ist. So fokussieren sich viele klassische Gründungsberatungen und Universitäten im Umgang mit Startups bis heute auf die Regeln des industriellen Zeitalters und den Aufbau von Unternehmen um industrielle Kerne herum. Noch immer gelten zu oft kaufmännisches Wissen über traditionelle Produktionsabläufe und daraus resultierende Businesspläne als wichtigste Fähigkeit, ein Technologie-Unternehmen zu gründen. Zudem verfügen viele Berater über keine eigenen Gründungserfahrungen und nur ein eingeschränktes Verständnis für Märkte und Kunden. Gründern bleiben somit oftmals die dringend benötigten Impulse versagt. Mit den entscheidenden Voraussetzungen, ein Startup in diesem Zeitalter erfolgreich zu entwickeln, hat das sehr wenig zu tun. Wer sich heute selbstständig machen will, muss die Mechanismen der Informationsgesellschaft durchdrungen haben, zukünftige Entwicklungen immer schneller antizipieren, von Beginn an international denken und das eigene Handeln ständig innovativ darauf ausrichten. Das bedeutet für Gründer, dass sie Geschäftsmodelle mit hoher Disruptivität entwickeln müssen, die sich zunächst durchaus in einer Nische ansiedeln.

Der aus dem Englischen entlehnte Begriff »Disruptivität« bezeichnet das Aufbrechen oder Umwälzen alter Strukturen. Bezogen auf die Wirtschaft ist damit gemeint, dass in einem Markt oft branchenfremde Unternehmen mit innovativen Produktideen oder Geschäftsmodellen völlig neue Spielregeln hervorbringen, nach denen Kunden und Firmen agieren. Aktuelle Beispiele sind Musikstreamingdienste wie Spotify oder

Kommunikationsprogramme wie Whatsapp. Ersterer hat mit dem Abonnieren von Musik via Internet ein neues Hör- und Kaufverhalten bei Musikkonsumenten ausgelöst, das die etablierten Plattenfirmen enorm unter Druck setzt. Und Whatsapp hat die Kommunikation zwischen Menschen per Handy noch einmal revolutioniert, indem es das schnelle und unkomplizierte Versenden von Bildern, Text- und Sprachnachrichten ermöglicht.

Nur wenn Startups etwas hervorbringen, das die Spielregeln im Markt neu definiert, können sie Wettbewerbsvorteile erzielen, die die Konkurrenz unter Druck setzen. Für Startups ist das die einzige Chance, sich gegenüber etablierten Marktführern zu behaupten, die über mehr Kapital, eine bessere Kundenbeziehung und eine effizientere Organisationsstruktur verfügen. Was für Startups gilt, müssen allerdings auch etablierte Unternehmen lernen. Sonst werden sie über kurz oder lang vom Markt verschwinden.

Gründer müssen sich außerdem damit auseinandersetzen, dass die Entwicklung von Startups immer schneller abläuft. Sie müssen begreifen, dass heutige Technologiefirmen automatisch im globalen Wettbewerb stehen. Sie brauchen Wissen über die psychologischen Abläufe in Teams und müssen die Erwartungen von Investoren kennen. Zudem sollten sie auf eine kompetente Begleitung im direkten Kontakt zu potenziellen Investoren zurückgreifen können. Am wichtigsten ist jedoch, dass Gründer erkennen, was erfolgreiche Innovationen auszeichnet und wie sich tragfähige Vorhaben entwickeln lassen, die finanzierungsfähig sind und somit in den Fokus der Investoren passen.

EIN NEUES DENKEN

Im Informationszeitalter beruhen immer mehr Geschäftsideen auf virtuellen Produkten. Ein gutes Beispiel sind die sogenannten Software-as-a-Service-Angebote, ein Teilbereich des Cloud Computings. Hierbei werden Software sowie IT-Infrastruktur in einem externen Rechenzentrum betrieben und vom Kunden online abgerufen. Gerade kleinen und mittelständischen Unternehmen bieten derartige Geschäftsansätze enorme Kosteneinsparungen. Da sich die verfügbaren Kapazitäten am tatsächlichen Bedarf orientieren, können sie jederzeit völlig unkompliziert an steigende oder abnehmende Geschäftsanforderungen angepasst werden. Diese innovativen Konzepte und Einflüsse erfordern jedoch eine ganz neue Herangehens- und Denkweise.

Was der deutschen Wirtschaft fehlt, ist nicht betriebswirtschaftliches Wissen, sondern die Kunst, vielversprechende Ideen in investorentaugliche Unternehmen zu verwandeln. Jedes Jahr gehen zahlreiche Ideen mit bahnbrechendem Potenzial verloren. Der Grund: Die Erfinder sind zwar fachlich international Spitze, doch es mangelt ihnen an der Fähigkeit, ein Gründungsvorhaben technologisch und wirtschaftlich zu einem so hohen ganzheitlichen Niveau zu entwickeln, dass die Risiken genügend greifbar und ausgewogen werden, um Beteiligungskapitalgeber ohne große Hürden einsteigen zu lassen. Auch reicht der alleinige Wunsch, Geld zu verdienen oder Gewinne zu maximieren, für ein Startup-Vorhaben einfach nicht aus. Die Vergangenheit zeigt, dass erfolgreiche Unternehmer ihre Ideen nie aus rein finanziellen Antrieben umgesetzt haben. Sie wollten etwas bewegen, Menschen helfen, die Welt verbessern und eine Idee in die Tat umsetzen – und dafür haben sie alles getan, fachlich wie wirtschaftlich.

Ein tragfähiges Gründungskonzept erfordert viel Energie und Leidenschaft sowie die Bereitschaft von Gründern und Investoren, die Sichtweise der jeweils anderen Seite zu verinnerlichen. Erst dann kann eine vertrauensvolle, Risiko minimierende Zusammenarbeit entstehen, die vielversprechende Ideen zum Erfolg führt. Umfassende Vorbereitungszeit, Verständnis für die Regeln des Informationszeitalters und der Wille zur Kooperation sind aber noch aus einem anderen Grund entscheidend. Eine Vielzahl von Gründern ringt jedes Jahr um einen kleinen Kreis potenzieller Investoren, deren finanzielle Mittel begrenzt sind und deren Risikobereitschaft niedrig ist. In diesem Umfeld ist es besonders schwer, die passende Gründer-Investoren-Partnerschaft zu finden. So verfügen zum Beispiel neun von zehn Projekten, die bei mir auf dem Tisch landen, durchaus über Potenzial, sind aber meist nicht Venture Capital-tauglich. Die Zurückhaltung von Kapitalgebern bzw. ihre selektive Bereitschaft zu investieren ist verständlich. Für 2014 belegt eine Statistik des Bundesverbands Deutscher Kapitalgesellschaften *(BVK)* zwar, dass stattliche 645,74 Millionen € Venture Capital in 712 Startup und Wachstums-Unternehmen investiert wurden. Allerdings mussten die Investoren bei 141 Portfoliounternehmen einen Totalverlust von 129,49 Millionen € verzeichnen.

Die schwache Bilanz ist vor allem auf die großen Schwierigkeiten zurückzuführen, Innovationen und das Risiko ihrer Umsetzung zukunftsweisend zu bewerten sowie adäquat zu finanzieren. In einer Zeit der globalen Vernetzung und Schnelllebigkeit ist eine ganzheitliche Unternehmensbewertung erforderlich, die sich aus einer qualitativen, einer quantitativen und einer Risikoanalyse zusammensetzt. Doch genau an diesem Punkt herrscht derzeit ein Vakuum. Die gängigen Verfahren taugen nur bedingt dazu, die Branchenattraktivität, das Marktpotenzial und die Wettbewerbsposition eines Startups umfassend zu analysieren, und verleiten damit oft zu Entscheidungen »aus dem Bauch heraus«.

Der folgende Bewertungs- und Finanzierungs-Leitfaden bietet sowohl Gründern als auch Investoren einen ganz neuen Ansatz, die potenzielle Entwicklung eines Startups zu analysieren und Beteiligungsrisiken von Anfang an zu minimieren. Aufbauend auf dieser speziellen Startup-Belastbarkeitsprüfung lassen sich Beteiligungsvorhaben in ein tragfähiges Projekt verwandeln, das alle wichtigen Fragen wie Wertversprechen, Geschäftsmodell, Disruptions- und Skalierungspotenzial oder die langfristige Innovationsfähigkeit beinhaltet. Gründer und Investoren können auf diese Weise den Grundstein für eine vertrauensvolle Zusammenarbeit legen, in der sie wirklich etwas bewegen.

RICHTIG DICKE FISCHE ANGELN

TAKE AWAYS

Volkswirtschaften verändern sich permanent,
und das immer schneller.

~

Bahnbrechende Ideen und Entwicklungen
entstehen nur, wenn Menschen bereit sind zum Wandel.

~

Der deutsche Markt für Risikokapital
ist rückläufig.

~

Erfolgreiche Gründer haben die wirtschaftlichen Anforderungen des Informationszeitalters durchdrungen.

~

Eine vertrauensvolle Gründer-
Investoren-Partnerschaft erfordert Offenheit
und viel Arbeit.

~

Die Bewertung von Startup-Projekten verlangt einen
ganzheitlichen Ansatz.

»Gute Entrepreneure zeichnen sich durch kreative Produkte oder Dienstleistungen in ihrem Zielmarkt, eine hohe Leidenschaft, eine analytische Arbeitsweise und eine pragmatische Lösungskompetenz aus. Sehr gute Entrepreneure lassen jedoch Taten statt Worte sprechen. Unsere Aufgabe als Investor ist es, diese Unternehmer in strategischen und operativen Fragestellungen zu unterstützen.«

DAVID JETEL

MANAGING PARTNER, SIRIUS VENTURE PARTNERS GMBH

Die **KUNST** zu
UNTERNEHMEN

2

2 DIE KUNST ZU **UNTERNEHMEN**

Erfolgreiche Gründer kennen ihre Stärken und Schwächen. Sie entdecken verborgene Geschäftspotenziale, stellen schlagkräftige Teams zusammen und begeistern Menschen für eine Idee. Sie sind bereit, Risiken einzugehen, um einen Mehrwert für die Gesellschaft zu produzieren. Auf den Punkt gebracht: Sie haben ihr Ego im Griff.

Es ist offensichtlich und dennoch wird es gerne ignoriert: Ohne Menschen existiert kein einziges Unternehmen. Alle Startup-Ideen, Pläne und Handlungen setzen voraus, dass es eine oder mehrere engagierte Personen gibt, die ein Projekt nicht nur erdenken, sondern es auch in die Tat umsetzen wollen. Der Mensch, seine Motivation und seine Fähigkeiten müssen daher immer am Anfang jedes Startup-Prozesses stehen. Ohne genaue Kenntnisse, was Gründer und Mitarbeiter für die Herausforderung mitbringen sollten, hat eine innovative Idee keine Erfolgschancen, und die Suche nach einer potenziellen Finanzierung wird scheitern.

Die Wirtschaftsliteratur überschlägt sich seit Jahren mit immer neuen Ratgebern, was einen erfolgreichen Gründer charakterisiert. Doch auch wenn viele der Tipps aus illustren Expertenkreisen einleuchtend klingen, sind sie erst einmal nicht viel mehr als graue Theorie. Die Praxis sieht meist ganz anders aus. Obwohl sich natürlich jeder Mensch ändern kann, gibt es in der Entwicklung zu einem erfolgreichen Unternehmer Grenzen. Aus einem tendenziell phlegmatischen Gründer wird niemand so einfach einen aktiven Geschäfts-Treiber machen können, der alles im Griff hat und seine Leute permanent motiviert.

Dennoch gibt es handfeste Kriterien, die erfolgreiche Gründer auszeichnen. Das wichtigste, auf das Investoren schauen, ist die Leidenschaft. Gründer müssen demonstrieren, dass sie für ihre Idee, ihr Projekt brennen, dass sie alles zu tun bereit sind und den Startup-Prozess bis ins letzte Detail verinnerlichen. Ein Opernsänger oder ein 100-Meter-Sprinter kann auch nur erfolgreich sein, wenn er sich den ganzen Tag auf sein Ziel ausrichtet und trainiert. Ebenso wird ein Programmierer, der jede Faser seines Jobs liebt, irgendwann etwas Spannendes hervorbringen. Prominentestes Beispiel für einen leidenschaftlichen Gründer ist der Amerikaner Elon Musk, der mit einem Elektroantrieb seines Unternehmens Tesla nicht nur die Automobilbranche, sondern die gesamte Welt revolutionieren will.

Ich hadere jedoch immer wieder mit der aktuellen Gründer-Kultur. Viele, die sich darin tummeln, glauben, ein Unternehmen in die Welt zu setzen sei ganz simpel. Eine Idee für einen trendigen Webdienst – meist abgekupfert – gepaart mit einer passenden App reiche schon aus, um die Millionen der Investoren fließen zu lassen, so eine immer wieder zu beobachtende Einstellung. Doch weit gefehlt. Auch wenn diese Darstellung vielleicht etwas übertrieben ist, spiegelt sie die Haltung vieler Gründer durchaus wider. Was für viele von ihnen zählt, ist das schnelle Geld – entweder durch wirtschaftlichen Erfolg oder den Verkauf an einen etablierten Konkurrenten. Nur die harte Startup-Realität wird sie schnell eines Besseren belehren. Viele Startups brauchen Jahre, um wirklich schwarze Zahlen zu schreiben. Die vielfach zitierten Übernahmebeispiele wie Tumblr, Instagramm oder in Deutschland StudiVZ haben bis heute für ihre Käufer kaum Gewinn erwirtschaftet. Zwar haben der eine oder andere Gründer und die Investoren beim Verkauf der Unternehmen gut Kasse gemacht. Doch ein Beispiel für ein Gründungskonzept, das auf Dauer Substanz und ein hohes Geschäfts- sowie Renditepotenzial aufweist, sind diese Startups nicht. Die Käufer zahlen seitdem drauf.

Investoren und ebenso die Käufer wollen in allen Phasen des Unternehmensprozesses Geld verdienen und ihr Vermögen vermehren. Und das gelingt ihnen nur, wenn sie innovative und langfristig tragfähige Ideen aufspüren, die Märkte revolutionieren und ein hohes Wachstumspotenzial entwickeln. Gründer, die nur an ihr schnelles Geld denken, sind für sie uninteressant. Investoren wollen Unternehmer, die sich mit Haut und Haaren einem Projekt verschreiben, Menschen, die bereit sind, für ihre Ideen alle Höhen und Tiefen in Kauf zu nehmen. Außerdem müssen die Gründer von Anfang an skalieren wollen, also auf Wachstum ausgerichtet sein und einen bleibenden Wert anstreben – einen Nutzen, von dem eine breite Masse profitiert. Dann erst sind sie für Investoren interessant.

ENTREPRENEUR: MEHR ALS NUR UNTERNEHMER

Zu Beginn eines Erfolg versprechenden Startup-Projekts steht also eine Vision, die auf Dauer tragfähig ist. Ihr Fundament im

Wirtschaftsalltag sind ein packendes Wertversprechen *(siehe Kapitel 3)* und ein innovatives Geschäftsmodell *(siehe Kapitel 4)*. Für Gründer bedeutet das, dass sie sich von Anfang an als Entrepreneure verstehen. Dabei geht die Bedeutung des Begriffs weit über das deutsche Wort »Unternehmer« hinaus. Hierzulande wird mit letzterem vor allem eine Person bezeichnet, die eine Firma besitzt und mehrere Angestellte leitet. In den angelsächsischen Ländern und in Frankreich, aus dem der Begriff Entrepreneur stammt, wird darunter jedoch die geistige Haltung verstanden, unternehmerisch zu denken und zu handeln.

Speziell im englischsprachigen Raum bezeichnet dieser Begriff den Existenzgründer, der ein kleines, aber meist innovatives Unternehmen aufbaut und oft über geringe finanzielle Mittel verfügt. Entrepreneure in diesem Sinne sind Menschen, die mit Kreativität und Weitsicht völlig neue Geschäftsmodelle und Kundenbedürfnisse kreieren. Zu diesem Zweck sind sie bereit, eigene Ressourcen wie Kapital, Zeit und Energie aufzubringen und Risiken einzugehen. Damit unterscheidet sich der Entrepreneur deutlich von anderen kleinen Unternehmern wie Handwerkern, Freiberuflern oder Restaurantbesitzern. Denn diese gehen zwar auch Risiken ein, bieten aber nicht wirklich eine neue Leistung an – etwa, indem sie Produkte oder Dienstleistungen erfinden, veredeln oder verändern.

Entrepreneure dagegen haben ein intuitives Gespür für Marktchancen, wo andere nichts erkennen können. Sie nehmen frühzeitig aktuelle Trends wahr und sind in der Lage, aus der Flut an Informationen jederzeit die relevanten Fakten herauszufiltern, um innovative Produkte, Dienstleistungen oder Geschäftsmodelle zu entwickeln. Sie verfügen über den Antrieb, etwas entdecken zu wollen. Dafür sind sie bereit, die bestehenden gesellschaftlichen und wirtschaftlichen Muster zu durchbrechen – und den Status quo anhand ihrer eigenen Visionen und Werte in Chancen zu verwandeln. Für den renommierten ökonomischen Vordenker Joseph Schumpeter stellten diese Menschen die unverzichtbaren Kräfte der schöpferischen Zerstörung dar, die eine Volkswirtschaft ständig vorantreiben und Wohlstand produzieren. Oder wie es der Ökonom J. J. Kao formulierte: »Entrepreneure sind Träumer, die handeln.«

Das bedeutet allerdings nicht, dass Gründer auch automatisch Erfinder sein müssen. Was Entrepreneure letztlich von anderen Unternehmern unterscheidet, ist nicht ihr bahnbrechendes Leistungsangebot, sondern ihr marktorientiertes Handeln, mit dem sie einen bleibenden Wert schaffen wollen. Ihren Erfolg messen sie zwar auch daran, ob ihr Unternehmen wächst und profitabel ist. Erfolgreiche Entrepreneure tragen aber immer maßgeblich zum gesamtwirtschaftlichen Wandel und Wachstum bei. Sie schaffen Arbeits- und Ausbildungsplätze, lösen branchenübergreifend Innovationsimpulse aus und stärken das Investitionsklima.

DIE KENNZEICHEN ERFOLGREICHER GRÜNDER

Seit den 60er Jahren des 20. Jahrhunderts untersucht die Psychologie systematisch die Persönlichkeitsmerkmale von Gründern. Ziel war und ist es, bestimmte Eigenschaften zu identifizieren, die Aufschluss über die Erfolgschancen von Gründern und Entrepreneuren geben. Zahlreiche Studien kommen seitdem zu ähnlichen Ergebnissen. Danach zeichnen Gründer sich vor allem durch Risikobereitschaft, Durchsetzungsstärke, Fleiß, Offenheit für Neues, den Wunsch nach unabhängigem Handeln und Verantwortungsgefühl aus. Sie sind Menschen der Praxis, die voller Pläne sind und diese in die Tat umsetzen. Dabei werden sie von einem Machbarkeitsdenken geleitet. Das heißt: Entpreneure glauben nicht nur an die eigenen Fähigkeiten. Sie gehen davon aus, Dinge kontrolliert bewegen zu können, unabhängig von äußeren Einflüssen wie der Konjunktur oder der Marktsituation.

Diese Persönlichkeitsmerkmale sind ein wichtiger Faktor für den unternehmerischen Erfolg. Aber sie sind nicht allein entscheidend. Nur in einer Kombination mit Fachwissen, Erfahrungen und betriebswirtschaftlichen Kenntnissen können sie ihr Potenzial entfalten. Dazu zählen auch noch die in Studien immer wieder identifizierten unternehmerischen Fähigkeiten, die Entrepreneurial Skills. Sie umfassen ein weites Spektrum, unter anderem Disziplin, Beharrlichkeit, Risikobereitschaft, Flexibilität, Innovationsfähigkeit, strategisches Denken, das Knüpfen von Netzwerken, das Motivieren von Mitarbeitern oder das Setzen von Prioritäten.

Ein wesentlicher Aspekt für den Startup-Erfolg ist schließlich noch die Fähigkeit, ein gutes Team zusammenzustellen und zu leiten. Erfolgreiche Entrepreneure wie Steve Jobs, Bill Gates oder Michael Dell sind bekannt dafür, dass sie Personen mit ganz verschiedenen Qualifikationen, Expertisen und Fähigkeiten um sich versammelten. Nur so konnten sie Kräfte bündeln und die verschiedensten Aufgaben gezielt angehen. Schließlich sind Gründungsprojekte ein Mannschaftssport und sind um so erfolgreicher, je mehr das gesamte Team auf Spur ist. Dieses Zusammenspiel erleichtert die strategischen Entscheidungen und hilft, chaotische, problematische sowie komplexe Situationen schneller zu bewältigen. Zudem bringen heterogene Teams stets mehr Innovationen hervor als homogene Gründermannschaften, ganz zu schweigen von Einzelunternehmern.

Ein exzellentes Gründerteam ist darüber hinaus ein wichtiger Faktor bei der Suche nach Finanzierungsmöglichkeiten. Investoren wählen gezielt Investments aus, die über eine schlagkräftige Mannschaft verfügen, mit der eine vertrauensvolle Zusammenarbeit möglich ist. Die Risikokapitalgeber wollen nicht erst noch Teams erziehen, um Gewinne zu erzielen. Schließlich sind sie keine Psychologen oder Therapeuten.

DAS KNOW-HOW IM GRÜNDERTEAM

Zu einem guten Gründerteam gehört zunächst einmal ein strategischer Kopf. Diese Person gibt die Richtung vor und entwickelt das Unternehmen, die Produktstrategie, sowie dessen gesamtes Umfeld ständig weiter. Sie übernimmt die Präsentation in der Öffentlichkeit und baut ein strategisches Netzwerk mit exzellenten Kontakten auf. Oft vereinen sich alle diese Fähigkeiten in der Position des Chief Executive Officer *(CEO)*. Ihm fällt auch die Rolle zu, die Mitarbeiter zu begeistern. Der Stratege arbeitet an und nicht in der Firma. Unverzichtbar für jedes Team eines technologischen Startups ist zudem der technische Entwickler. Diese Position sollte von Anfang des Startup-Prozesses an besetzt sein.

Ein weiterer wichtiger Teamakteur ist die Person, die neben dem strategischen Kopf das Unternehmen nach innen steuert, Strukturen schafft und das Thema »Finanzen« beherrscht. Diese häufig auch als Chief Financial Officer *(CFO)* bezeichnete Person muss Zahlenmensch und Visionär zugleich sein. Bei ihr liegt die Verantwortung, das Geschäftsmodell ständig an die Marktgegebenheiten anzupassen. Sie muss in der Lage sein, sich und die Mannschaft auf das Wesentliche zu fokussieren, da nicht alle Aufgaben anfangs perfekt erledigt werden können. Zudem ist der CFO Wächter über Flexibilität und die Arbeit im Team. Vor allem aber muss diese Person das Gespür für die Beziehungen zu den Investoren haben. Denn ohne einen guten CFO ist das Wachstum des Startups zum Scheitern verurteilt. In Phasen starken Wachstums kann der CFO allerdings nicht mehr alle diese Aufgaben erfüllen. Dann wird die zusätzliche Position eines Chief Operating Officer *(COO)* erforderlich, der sich um die Arbeitsabläufe und die Menschen im Unternehmen kümmert. Trotz der großen Bedeutung des CFO macht aber erst die Synergie aus den drei Positionen »strategischer Kopf«, technischer Entwickler und CFO ein exzellentes Gründerteam aus.

Auf die Auswahl dieses Teams sollten die Gründer daher viel Wert legen und gegebenenfalls auch auf Unterstützung von außen zurückgreifen. Investoren achten darauf, ob ein Startup-Team auf einer Wellenlänge ist. Das heißt nicht, dass sie immer einer Meinung sein und Konflikte vermeiden sollten. Auseinandersetzungen können sogar sehr fruchtbar für den Gründungsprozess sein. Das Gründerteam muss jedoch fähig sein,

Leidenschaft für gemeinsame Ziele zu entwickeln und bereit sein, bei allen Differenzen an einem Strang zu ziehen.

Was also laut Definition des Begriffs »Entrepreneur« alle Gründer vereint, ist die Ausrichtung darauf, eine vielversprechende Geschäftsidee in die Tat umzusetzen. Gründer spüren eine ständige Unruhe, etwas bewegen, etwas Großartiges schaffen zu wollen. Zudem sind sie Generalisten, die von Beginn an den Blick für Zusammenhänge und alle Aspekte des gesamten Startup-Prozesses haben. Gründer müssen jedoch nicht in allem perfekt sein. Sie sollten über ein Grundverständnis verfügen, was erfolgreiches Unternehmertum verlangt, und danach handeln. Dazu zählt auch, bereit zu sein, sich ständig zu wandeln, geschäftlich wie geistig. Während etwa Gründer vor zwei Jahrzehnten noch eine zentrale hierarchische Firmenstruktur mit festen Anwesenheitszeiten anstrebten, liegt die Zukunft heute in einer flexibleren und individualisierten Arbeitsorganisation, die Beruf und Privatleben viel harmonischer miteinander vereint. Es überrascht daher nicht, dass immer mehr Startups, wie der US-Anbieter für Internet-Applikationen Basecamp, als sogenannte virtuelle Firmen agieren, in denen die Mitarbeiter überall auf der Welt leben und per Internet zusammen das Unternehmen entwickeln. Um langfristig mit exzellenten Mitarbeitern Erfolg zu haben, können diese Unternehmen gar nicht anders, als die standortunabhängigen Möglichkeiten der digitalen Welt für sich zu nutzen.

Für die Gründer von heute kommt damit eine weitere Anforderung zum Tragen: Das Führen von verschiedenen Menschen an unterschiedlichen Standorten, die eine Einheit bilden. Software-Ingenieure, Marketingspezialisten, Manager oder Finanzexperten haben alle ein ganz unterschiedliches Verständnis vom gemeinsamen Unternehmen. Arbeiten sie dann auch noch irgendwo in der Welt von zu Hause aus, ist es eine enorme Herausforderung, das Team auf die gemeinsamen Ziele einzuschwören. Viele Gründer sind darauf nicht vorbereitet, weil sie selbst aus einem Fachgebiet stammen und eine enge Sichtweise mitbringen. Wer das erkennt und sich Hilfe von außen holt, hat den entscheidenden Schritt getan, sein Projekt auf Kurs zu bringen.

DAS EGO ZÄHMEN

Im konkreten Umgang mit potenziellen Investoren sind zudem noch einige weitere Aspekte zu beachten. So sollte das Startup-Team unbedingt vermeiden, Eitelkeiten und Überheblichkeit zu demonstrieren. Seine Präsentationen müssen auf realistischen Erwartungen sowie ehrlichen Angaben beruhen und selbstbewusst vorgetragen werden. Leider sind viele Gründer immer wieder von ihrem Ego getrieben. Sie sehen nur ihr Projekt und sind so sehr von ihrer Idee überzeugt, dass es ihnen schwerfällt, offen für sinnvolle Einwände, Kritik sowie Verbesserungsvorschläge zu sein. Investoren haben jedoch eine Spürnase dafür und erkennen das sofort. Ein zu starkes Ego ist für sie im Zweifelsfall ein K.-o.-Kriterium.

Erfolgreiche Gründer sind bereit zur Reflexion und zu der Erkenntnis, dass sie nicht allwissend sind. Insbesondere Gründer, die sich zum ersten Mal auf das Abenteuer Startup einlassen, sollten sich daher mit einem erfahrenen Partner verbinden.

Impulse und ehrliches Feedback sind am Anfang elementar für den Startup-Erfolg. Ein seriöser Berater weiß, wie Firmen aufgebaut werden und eine Unternehmensgründung fundiert konzipiert wird. Zudem verfügt er über ein gutes Netzwerk und kennt den Markt für Beteiligungskapital umfassend. Er weiß auch ganz genau, was die Investoren erwarten und wie ein Startup ein schlagkräftiges Wertversprechen mit einem renditeträchtigen Geschäftsmodell verbindet. Darüber hinaus helfen die beratenden Experten dabei, das Gründungsvorhaben durch technisches und betriebswirtschaftliches Know-how zu optimieren.

Zum Schluss noch zwei Punkte, die ich Gründern auf jeden Fall mit auf den Weg geben möchte. Sich vom schnellen Geld zu verabschieden heißt nicht, dass Startups keinen Gewinn anstreben sollen. Klar müssen Gründer Geld verdienen. Allerdings sollten sie daran denken, dass Geld immer nur ein Abfallprodukt ist. Es ist eine Ressource, ein Schmierstoff der Wirtschaft, der anfällt, wenn die Hausaufgaben erfolgreich erledigt wurden. Der zweite wichtige Aspekt ist: Niemals aufgeben! In jeder Situation, so schwierig sie auch sein mag, steckt eine Antwort, eine Lösung. Der beste Weg ist dann, eine Pause einzulegen und neue Impulse zu sammeln. Kreativität und schöpferische Kraft verlangen geradezu den Abstand und einen Perspektivwechsel. Das gehört einfach dazu, ein Projekt beharrlich zu verfolgen, ihm Zeit und Geduld einzuräumen. Und wer diese Energie aufbringt, gelangt so, wenn auch nicht über Nacht, doch ans Ziel.

TAKE AWAYS

Ohne Menschen existieren keine Unternehmen.

~

Startup-Projekte verlangen Leidenschaft.

~

Erfolgreiche Gründer sind Entrepreneure.

~

Entrepreneure tragen maßgeblich zum
Wohlstand und wirtschaftlichen Wachstum einer
Gesellschaft bei.

~

Die Forschung hat zahlreiche Persönlichkeitsmerkmale
identifiziert, die erfolgreiche Gründer auszeichnen.

~

Finanzierungstaugliche Startup-Projekte
verfügen über Teams, die ein breites Spektrum an
Fähigkeiten abdecken.

WERTE
schaffen

3

3 WERTE SCHAFFEN

Unverzichtbare Grundlage jedes Unternehmenserfolgs ist ein fundiertes Wertversprechen. Es beschreibt, welche Leistungen Firmen ihren Kunden anbieten und was sie besser machen als die Konkurrenz. Authentische Wertversprechen haben sich zunächst immer in verschiedenen Markttests bewährt.

Kunden suchen nie einfach nur Produkte oder Dienstleistungen. Sie wünschen Lösungen für ihre Bedürfnisse, Fragestellungen und Probleme. Ohne einen spürbaren, nur schwer kopierbaren Nutzen für die Kunden haben Startups keine Überlebenschance. Daran ändern auch vielversprechende Produktideen oder ein innovatives Geschäftsmodell nichts. Für Gründer hat das Erarbeiten eines überzeugenden Wertversprechens *(Value Proposition)* daher oberste Priorität.

Das Nutzen- oder Wertversprechen ist die in Worte gefasste Essenz einer Firma. Es bringt auf den Punkt, was Unternehmer Kunden bieten und weshalb sie dabei die beste Wahl sind. Andererseits gibt das Wertversprechen den Mitarbeitern eine klare Orientierung. Ob Businessplan, Geschäftsmodell oder Marketingstrategie, jede Faser eines Startups hängt von einer klar formulierten Value Proposition ab. Deshalb ist die Definition des Wertversprechens auch ein effektives Mittel, um sich mit der grundsätzlichen Struktur des Startups noch einmal umfassend auseinanderzusetzen. Denn anhand der Value Proposition lässt sich erkennen, ob das Geschäftsmodell und das Leistungsangebot wirklich so gewählt sind, dass sie am Markt eine Chance haben.

Startups zeichnen sich meist durch geringe Ressourcen und eine unbekannte Marke aus. Wer sich in dieser Situation von den bereits etablierten Marktteilnehmern absetzen will, kann dies zuallererst nur über das Wertversprechen tun. Gründer müssen einen Mehrwert hervorbringen. Im Idealfall ist der Kundennutzen nicht nur höher als der des bisherigen Marktführers. Er revolutioniert auch den Markt *(Disruptionspotenzial, siehe Kapitel 6)*. Bestes Beispiel dafür ist das bereits erwähnte Projekt »Industrie 4.0«. Darunter wird allgemein die Digitalisierung der industriellen Fertigung und die Vernetzung der gesamten Wertschöpfungskette per Internet verstanden. Der Energie- und Automatisierungstechnikkonzern ABB lagert zum Beispiel schon heute einen Großteil seiner Materialien in mit Sensoren ausgestatteten Boxen, die den Lieferanten sofort anzeigen, wenn Nachschub notwendig ist. Bosch wiederum stattet seine Verpackungsanlagen mit Diagnose- und Remote-Funktionen aus. Auf diese Weise kann das Unternehmen etwa die Verpackung von Pralinen bei Nestlé nach Bedarf steuern. Ebenso können die Techniker des Getreidemühlenherstellers Bühler die Anlagen ihrer Kunden online auf die Anforderungen des zu mahlenden Getreides einstellen. Die digitale Vernetzung der Wertschöpfungskette schafft einen enormen Mehrwert, indem Maschinen, Bauteile sowie Produkte per Sensoren miteinander kommunizieren und darüber zahlreiche Services oder Dienstleistungen ermöglichen.

Die Auswirkungen dieses sogenannten »Internets der Dinge« sind allerdings noch weitreichender. Denn die Vernetzung von Produkten, Daten, Prozessen und Menschen wird die Gesellschaft in ihrem Kern verändern. »Industrie 4.0« wird völlig neue Geschäftsmodelle hervorbringen *(siehe Kapitel 4)* und das Zusammenleben der Menschen durch neue Wertvorstellungen revolutionieren. Betreibermodelle für Mähdrescher, wie sie der Landmaschinen-Produzent John Deere bereits praktiziert, oder die selbststeuernde Fabrik sind erste Vorboten dieser Entwicklung. Das Wertversprechen, der Mehrwert, den Unternehmen gegenüber ihren Kunden erzeugen, basiert folglich immer auf harten Faktoren und daraus resultierenden weichen Nutzenerwartungen. Noch einmal konkret: Beim Auto ist der harte Wertfaktor ein Motor mit einer Leistung von 180 PS. Der weiche Nutzen ist die Zuverlässigkeit, schnell beschleunigen zu können und dennoch sicher zu fahren. Während die harten Faktoren objektiv für jedermann sichtbar sind, hängen die weichen Faktoren eines Wertversprechens immer von der Interpretation der Kunden ab.

Erfolgreiche Unternehmen wie Microsoft, Google oder Amazon nahmen ihren Anfang immer mit der Überlegung, welchen Wert ihre Gründer schaffen wollten. Erst darauf gründeten Bill Gates, Larry Page und Jeff Bezos ihre gesamte Strategie. Was so einfach klingt, ist allerdings eine der größten Herausforderungen des Startup-Prozesses. Denn ein Wertversprechen darf weder trivial formuliert sein, noch etwas vorgaukeln. In beiden Fällen werden Kunden vor den Kopf gestoßen und Investoren verprellt. Grundsätzlich lassen sich drei generelle Wertversprechen unterscheiden:

- Ein neuer Nutzen wird geschaffen *(Nutzenentwickler)*.
- Eine bestehende Aufgabe wird vereinfacht *(Bedürfnisopti-mierer)*.
- Ein vorhandenes Problem wird gelöst *(Problemlöser)*.

Die besten Wertversprechen erfüllen häufig mehrere dieser drei Anforderungen. Apple zum Beispiel konnte sich nur gegen das kostenlose Herunterladen von Musik durchsetzen, weil es mit dem iPod »1000 songs in your pocket« ein ganz neues Hörerlebnis entwickelte *(Nutzenentwickler)* und gleichzeitig den Zugriff auf Musik durch iTunes revolutionierte *(Problemlöser)*. Der Online-Dienst Evernote kombiniert dagegen in seinem Wertversprechen das einfache Ablegen sowie Speichern von Notizen, Links und Artikeln *(Bedürfnisoptimierer)* mit der Möglichkeit eines schnellen, plattformübergreifenden Datenzugriffs auf allen Geräten wie Laptop, Handy oder Tablet *(Problemlöser)*.

DER WEG ZUM AUTHENTISCHEN WERTVERSPRECHEN

Um ein aussagekräftiges Wertversprechen zu konzipieren, müssen Gründer zunächst klären, welche Bedeutung die eigenen Produkte und Dienstleistungen für den Kunden haben. Idealerweise sollten sie in einer Liste erfassen, inwieweit ihr Leistungsangebot dem Kunden hilft, funktionale, soziale oder emotionale Lösungen zu entwickeln oder ob einfach nur grundlegende Bedürfnisse bedient werden. Im darauf folgenden Schritt gilt es, die Produkte und Dienstleistungen in ein Ranking einzustufen. Ziel dabei ist es, zu ermitteln, wie umfassend das Leistungsangebot für den Kunden Nutzen schafft, Probleme löst oder Aufgaben vereinfacht. Kriterien für diese Bewertung sind unter anderem der funktionale Nutzen, die soziale Anerkennung, positive Emotionen, Kostenersparnisse, unerwartete Risiken, negative Empfindungen wie Befürchtungen, unerwünschte Ausgaben oder Überraschungen aller Art. Dabei wird das gesamte Geschäft als ein ganzheitliches System verstanden, dessen Erfolgsfaktoren sowohl eine Innen- als auch eine Außensicht umfassen. Konkret lässt sich die Konzeption eines Wertversprechens anhand der folgenden zehn Schlüsselfragen ableiten:

1. *Ist das Leistungsangebot neu?* *Beispiel:* iPhone Appstore
2. *Besitzt das Leistungsangebot ein Alleinstellungsmerkmal?*
   Beispiel: Diesel-Hybrid von Peugeot
3. *Sind Produkt oder Dienstleistung auf individuelle Kundenbedürfnisse zugeschnitten?*
   Beispiel: Empfehlungssysteme wie bei iTunes oder Amazon

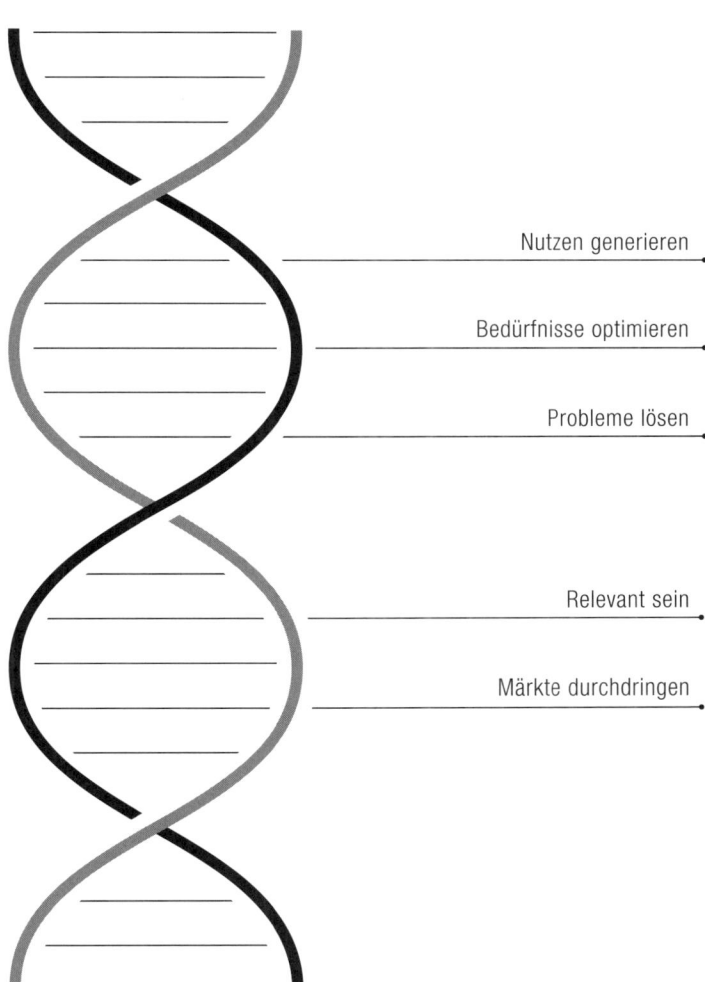

Nutzen generieren

Bedürfnisse optimieren

Probleme lösen

Relevant sein

Märkte durchdringen

WERTVERSPRECHEN

4. *Werden bestimmte Aufgaben konkurrenzlos angeboten?*
   Beispiel: Customer Relationship Management *(CRM)*
   in der Cloud
5. *Ist das Design des Leistungsangebotes einzigartig?*
   Beispiel: Apple, Hugo Boss, Karl Lagerfeld
6. *Besitzt das Leistungsangebot einen Preisvorteil?*
   Beispiel: Discounter wie Aldi in den 50er-Jahren
7. *Führt das Leistungsangebot zu Kosteneinsparungen bei den
   Kunden?* *Beispiel:* Cloud Computing
8. *Macht das Leistungsangebot die Kunden sicherer?*
   Beispiel: Versicherung, Marktforschung
9. *Erleichtert das Leistungsangebot den Alltag?*
   Beispiel: E-Commerce
10. *Zeichnet sich das Leistungsangebot durch eine einfache
    Anwendung aus?* *Beispiel:* Instant-Kaffee, iPod und iTunes

Je mehr Punkte das Wertversprechen abdeckt, desto präziser
und erfolgreicher ist es. Aber auch das sollten Sie beachten: Ein
einmal formuliertes Wertversprechen ist nicht unantastbar. Es
muss sich ständig mit den Marktbedingungen und der Konkurrenz weiterentwickeln. Konsequenterweise gilt das natürlich
auch für die auf dem Wertversprechen basierenden Produkte
sowie das Selbstverständnis der Unternehmensorganisation
(siehe auch Kapitel 5).

Eines der aus meiner Sicht besten und kürzesten Wertversprechen stammt von Salesforce, einem amerikanischen
Anbieter für Software und IT-Infrastruktur, die Kunden über
eine Cloud nutzen können: »Keine Hardware. Keine Software.

Keine Grenzen.« Zugegeben, das ist mehr ein Werbeslogan als
eine Value Proposition. Aber auch die ausführliche Version ist
überzeugend:

»Salesforce.com ist der Pionier für Cloud Computing im
Bereich Geschäftsanwendungen. Was das heißt? Wir stellen
Unternehmenslösungen, zum Beispiel für Kundenbeziehungs-
management *(CRM)*, online bereit. Das macht unsere Anwen-
dungen zu den besseren Werkzeugen für Unternehmen jeder
Größe. Denn mit uns reduzieren Sie die Kosten für Hard- und
Software, IT-Management und Wartung. Gleichzeitig erhöhen
Sie Ihre Flexibilität und Effizienz. Kurz: Salesforce.com ist ›das
Ende von Software‹, so wie man sie kennt. Denn alles, was Sie
für Geschäftsanwendungen ab sofort brauchen, ist ein Browser.«

In dieser Value Proposition sind die folgenden vier wesentlichen Merkmale enthalten:

1. Mission – Welche Kundenbedürfnisse werden angesprochen?
2. Leistungsangebot – Wie wird die Mission umgesetzt?
3. Relevanz – Welchen Nutzen können die Kunden unmittelbar
   beim Erwerb der Leistung erwarten?
4. Wettbewerb und Werte – Was unterscheidet das Leistungsangebot von der Konkurrenz?

Aufmerksame Leser werden feststellen, dass ein erfolgreiches
Wertversprechen damit gleichzeitig die Elemente einer Brand-
oder Markengestaltung erfüllt. Die Konzeption des Wertversprechens aus dieser Gesamtschau eines Unternehmens heraus
ist gerade in der Frühphase eines Startups unverzichtbar. Nur so

lässt sich verhindern, dass eine Value Proposition nicht einfach aus dem Bauch heraus entwickelt wird und hohle Phrasen eher Wunschdenken als die Realität repräsentieren. Um Kunden und vor allem Investoren vollständig zu überzeugen, ist eine sorgfältige Vorgehensweise notwendig.

Die nachfolgenden Fragen sind ein einfaches Rezept für jedes Startup, seine Value Proposition authentisch zu gestalten:

1. Stellt das Leistungsangebot in Form eines Produkts oder einer Dienstleistung etwas wirklich Neues dar, das eine messbare Veränderung im Markt bewirkt?
2. Bedient das Leistungsangebot unmittelbar grundlegende individuelle Bedürfnisse der Kunden?
3. Ist das Leistungsangebot durch Schutzrechte wie Patente abgesichert, um eine mögliche Basis für eine Allein- oder Monopolstellung im Markt zu legen? Oder kann das offene und vertrauensvolle Zusammenarbeiten mit anderen Geschäftspartnern ohne Schutzrechte neue Vertriebswege oder Kundengruppen etc. erschließen?
4. Gibt es einen unerschlossenen Markt für das Leistungsangebot, der ein hohes Wachstumspotenzial bietet?

Wichtig ist, dass ein Wertversprechen so einfach, klar und verständlich wie möglich formuliert wird. Eine Value Proposition, deren Mehrwert erst noch ausführlich erklärt werden muss, ist wertlos. Jeder Leser oder Zuhörer sollte den Nutzen des Wertversprechens auf Anhieb verstehen. Unternehmer müssen sich also von Anfang an in die Welt ihrer Adressaten wie Kunden und Investoren hineindenken. Was sind ihre aktuellen Sorgen, Nöte und Bedürfnisse? Wie können Probleme gelöst werden? Wovon profitieren sie? Denn letztlich gilt immer: Die größte Herausforderung liegt darin, die Kunden für den ersten Kauf zu gewinnen.

BEWÄHRUNG IM GESCHÄFTSALLTAG

Eine sorgfältige Formulierung allein macht aber noch kein erfolgreiches Wertversprechen. Bewähren muss sich die Value Proposition im Realitätstest. Denn schließlich sorgen erst handfeste Daten dafür, dass die Unternehmensgründung kein Glücksspiel wird. Eine effiziente Möglichkeit, das Wertversprechen insbesondere bei technischen Startups zu testen, sind sogenannte Markttests anhand von Produktsimulationen oder Attrappen. Sie unterscheiden sich deutlich in puncto Kosten und Aufwand von Prototypen-Entwicklungen, die bereits erste konkrete und voll funktionsfähige Produktversionen darstellen.

Für die Kölner Industriedesign-Agentur Frackenpohl Poulheim ist die Simulation Teil jedes Produktentwicklungsprozesses. Um die angestrebten Eigenschaften eines Produkts schon im Voraus bewerten zu können, werden die Funktionen bereits frühzeitig für potenzielle Anwender erlebbar gemacht und ihnen zum Test vorgelegt. Das Besondere an diesem Verfahren ist, dass nie alle geplanten Funktionen überprüft werden. Die Industriedesigner stellen den Testern nur die Eigenschaften vor, die zentral für ein Produktangebot sind oder bereits fertig entwickelt wurden. Das vereinfacht nicht nur das Anfertigen eines

Testmodells. Es spart vor allem Kosten – und es ermöglicht, das Endprodukt gezielter auf die Kundenbedürfnisse zuzuschneiden, etwa nach Art eines Baukastensystems.

Wie das bewusste Konzipieren eines Wertversprechens abläuft, verdeutlicht die von Frackenpohl Poulheim mitentwickelte Vodafone Webbox. Gemeinsam mit anderen Anbietern standen die Industriedesigner vor der Aufgabe, für die Bewohner von Schwellenländern, etwa Indien oder Südafrika, Endgeräte zu entwerfen, mit denen über das Mobilfunknetz besser und leichter auf das Internet zugegriffen werden kann. Dabei entstand die Idee, das Handy mit dem Fernseher zu verbinden und die Vorteile des größeren Bildschirms zu nutzen. Die Anforderungen an ein solches Endgerät waren aufgrund der Ergebnisse einer Nutzerumfrage in diesen Ländern hoch. So sollte das Endprodukt leicht verständlich und durch ein einfach zu installierendes »Plug-and-Play-Prinzip« intuitiv handhabbar sein.

Auf der Basis der Umfrageergebnisse entwickelte das Designer-Team von Frackenpohl Poulheim sechs verschiedene Produktvorschläge, die anhand einfacher mit Grafiken beklebter Schaumblöcke auf ihre Praxistauglichkeit getestet wurden. Die ausgewählte Testgruppe setzte sich aus Vodafone-Managern, technisch unerfahrenen Nutzern und Teilnehmern der Umfrage zusammen. Ihre Aufgabe bestand darin, die Modelle in einer für die Länder typischen Haushaltssituation an ein Fernsehgerät anzuschließen. Mit Hilfe der Aussagen der Testteilnehmer sowie der Beobachtungen der Designer ließ sich das effektivste »Plug-and-Play-Prinzip« ermitteln. Zudem gewann Vodafone wichtige Erkenntnisse über weitere Bestandteile des Endprodukts, wie die optimale Länge des Stromkabels oder die Größe der Tastatur. Das Beispiel zeigt auch, dass es für die Entwicklung eines Produkts nicht immer notwendig ist, die Zielgruppe des anvisierten Marktes in einem Test direkt zu befragen.

Eine weitere Möglichkeit, erste Marktdaten zu sammeln, sind Tests von konkret funktionierenden, aber vereinfachten Produktversionen. Diese sogenannten Minimum Viable Products sind besonders gut geeignet, um die frühen Anwender *(Early Adopters)* aufzuspüren. Sie machen rund 16 Prozent der potenziellen Kunden aus. Die Early Adopters sind für den Erfolg eines Startups so entscheidend, weil sie die Praktikabilität eines Projekts demonstrieren und Investoren ins Boot ziehen. Zudem liefern sie die Grundlage für das Marketing und die Akquise der großen Mehrheit der noch zurückhaltenden Käufer. Der Erfinder des Minimum Viable Product, Eric Ries, beschrieb den Ansatz wie folgt: »Es ist diejenige Version eines neuen Produkts, die es einem Team erlaubt, das größtmögliche Wissen über Kunden mit dem geringsten Aufwand zu gewinnen.«

Speziell für virtuelle Produkte, digitale Geschäftsmodelle oder Startups, bei denen der Erfolg davon abhängt, dass die Zielkunden über das Internet adressiert werden, eignen sich webbasierte Vorabtests. Hierbei werden Interessenten durch Bewerbung in verschiedenen Kanälen auf das Produktangebot aufmerksam gemacht und auf die Produktwebsite geleitet. Beim Anklicken erscheint ein Hinweis, dass das Produkt bald verfügbar sein oder eine Betaphase starten wird. Anhand der verwendeten Werbekanäle, Finanzierungsmittel und daraus gewonnen Klicks und Registrierungen lassen sich zahlreiche Kennzahlen ableiten, die für potenzielle Investoren von großer Bedeutung sind. Einige Beispiele: Gibt es überhaupt eine Nachfrage? Wie denkt die Zielgruppe? Ist das Leistungsangebot ausreichend belastbar oder ist die Konkurrenz mit einem ähnlichen Angebot bereits im Markt aktiv? Reichen die Nachfrage und das Margenverhältnis aus, um das Geschäft erfolgreich zu skalieren? Für Investoren sind diese Kennzahlen erste Indikatoren, ob die Hypothesen eines Geschäftsmodells realistisch sind und ob Wachstumschancen bestehen. Den Gründern verschaffen die Vorabtests die Möglichkeit, ein Verständnis über die Wettbewerber zu gewinnen und die Spielregeln des Marktes zu verändern. Zudem liefern diese Tests erste wichtige Fakten, mit denen sich die künftige Geschäftsentwicklung, die Gewinnperspektive und die Kostenerwartungen im Businessplan untermauern lassen.

Letzteres gilt aber für alle Markttest. Sie liefern bereits frühzeitig valide Daten, anhand derer sich beurteilen lässt, ob ein Startup die richtige Kombination aus Produkt und Service beziehungsweise aus Problem und Lösung entwickelt. Die notwendigen Marktinformationen werden dabei in allen Fällen durch Interviews mit potenziellen Kunden erhoben. Eine ergänzende Möglichkeit, um die Wirksamkeit der Value Proposition zu bewerten, ist die Delta-Analyse. Mit ihr werden die Vor- und Nachteile eines Produkts im Vergleich zu Angeboten der Konkurrenz untersucht. Auf der Grundlage des anvisierten Marktes lassen sich Schlüsselmerkmale wie konkrete Produkteigenschaften oder die Preis-Nutzen-Relation auswählen. Anhand eines Scoringmodells wird dann die Position des Startups im Vergleich zur am Markt bestehenden Konkurrenz ermittelt. Um dieser einen Schritt voraus zu sein, erfordert es allerdings große Kreativität – sowohl bei der Konzeption des Wertversprechens als auch bei dessen Realisierung im Markt.

WERTVERSPRECHEN AUF DEM PRÜFSTAND: DAS BEISPIEL AIRO HEALTH

Wie die Aussagefähigkeit eines Wertversprechens umfassend beurteilt werden kann, zeigt das folgende Beispiel von AIRO Health, einem Startup aus dem kanadischen Waterloo. Das Unternehmen engagiert sich auf dem wachsenden Markt für Wearable Technologies und stellt Fitnessarmbänder her. Diese Produkte versorgen ihren Träger laufend mit Informationen über das tägliche Aktivitätsniveau und die Schlafqualität. Auf der Basis der gewonnenen Informationen können bewusst Fitnessziele gesetzt und gesundheitsfördernde Maßnahmen in Angriff genommen werden. AIRO Health hat für den Herbst 2015 ein innovatives Armband angekündigt, das noch einen Schritt weiter geht. Neben den genannten Funktionen soll das neue Produkt auch ein Spektrometer für kontinuierliches Ernährungstracking beinhalten. Zudem sollen Puls und Bewegungsdaten regelmäßig ausgewertet werden, um dem Nutzer Stresssituationen anzuzeigen und zu helfen, diese zu meistern. Angesichts dieser Ankündigungen hat das neue Produkt das Potenzial, den Markt für Fitnessarmbänder zu revolutionieren.

INNOVATIVE TECHNOLOGIE

Grundlage des neuen AIRO-Angebots ist eine selbst entwickelte innovative Technologie. Das Unternehmen ist damit in der Lage, verschiedene Wellenlängen des Lichts in der Blutbahn des Menschen zu messen, um die Stoffwechselprodukte, die während und nach einer Mahlzeit abgegeben werden, zu erkennen. Der Kalorienverzehr und auch die Qualität der Mahlzeiten können so jederzeit automatisch verfolgt werden. Andere Armbänder ermöglichen diese Funktionen bisher nur über eine manuelle Eingabe in die zusätzlich angebotenen Apps. Das AIRO-Band stellt allerdings erst dann eine echte radikale Innovation im privaten Gesundheitstracking dar, wenn sich die Ankündigungen in der Praxis des Alltags bewähren – wenn also das Armband neben einem Schlaf-, Bewegungs- und Pulstracking tatsächlich eine aussagefähige Analyse der verzehrten Nahrung ermöglicht.

Gefertigt wird das Band aus einer Aluminiumhülle mit einer glasperlenartigen Füllung, ähnlich einem Apple Macbook Air. Die Innenseite des innovativen Messgerätes wird aus einem weichen, antiallergischen Material bestehen. Der Preis für das AIRO-Band soll zwischen 149 \$ und 199 \$ liegen. Die zugehörige App wird für Apples iOS und Googles Android verfügbar sein, und die Kommunikation erfolgt per Bluetooth 4.0 mit dem Smartphone. Das Armband soll laut Unternehmensangaben über einen Vibrationsalarm zum lautlosen Wecken und zur sofortigen Warnung bei erhöhtem Stresslevel verfügen. Die Aufladung erfolgt per USB und die angegebene Akkulaufzeit liegt bei rund sieben Tagen.

DIE ANVISIERTE ZIELGRUPPE

Mit seinen Armbändern fokussiert sich AIRO Health derzeit auf Leistungssportler, ernährungsbewusste Anwender, Technik-Interessierte und Menschen, die einen bewussten, gesunden Lebensstil verfolgen. Je besser die Datenverarbeitung, die Informationsaufbereitung und die Vernetzung in den nächsten Jahren wird, desto stärker werden solche Geräte auch unter den Mainstream-Kunden akzeptiert. So lassen sich Szenarien vorstellen, bei denen eine gesündere Lebensweise durch Versicherungsrabatte belohnt werden könnte oder Daten für den Hausarzt aufbereitet werden, um eine bessere Krankheitsfrüherkennung zu ermöglichen. Die Altersklasse der anvisierten Zielgruppe ist für AIRO eher zweitrangig, wobei sie derzeit zwischen 20 und 50 Jahren liegt.

DAS KÜNFTIGE MARKTPOTENZIAL

Die Entwicklung des Marktes für Funktionsarmbänder in den vergangenen zwei Jahren deutet darauf hin, dass Firmen hier künftig mit einem hohen Wachstumspotenzial rechnen können. In dieser Zeit haben sich viele neue und etablierte Marktteilnehmer mit Angeboten platziert. Darunter Unternehmen wie Nike, Jawbone, Adidas und Fitbit. Der neue M7 Motion Co-Prozessor von Apple, der ein batterieschonendes Verfolgen von »Aktivitätsdaten« erlaubt, ist der letzte große Indikator in einer langen Liste von Marktinnovationen. Darüber hinaus verschmilzt dieser Markt zunehmend mit den Smartwatch-Angeboten von Unternehmen wie Samsung, Apple, Google und Microsoft, die neben ihren bisherigen Funktionen künftig verstärkt auf die Möglichkeiten des Bewegungstrackings setzen werden. Nach einer Forschungsstudie zum Thema »Wearable Devices and Sensors« prognostiziert das Marktforschungsinstitut ABI Research, dass der weltweite Markt an tragbaren Geräten, die gesundheitsrelevante Daten ermitteln, im Jahr 2015 bei über 400 Millionen Produkten liegen wird. Insgesamt handelt es sich damit allerdings noch um einen Wachstumsmarkt, der sich in seiner Anfangsphase befindet.

DIE HERAUSFORDERUNG DER KONKURRENZ

Angesichts des breiten Angebotsspektrums verfügt AIRO Health mit dem neuen Armband über viele Vorteile gegenüber den Wettbewerbern. Vor allem beim automatischen Ernährungstracking haben die Kanadier einen deutlichen Vorsprung. Auch das Messen des Stresslevels durch den Puls ist ein weiterer Pluspunkt, der bei der Konkurrenz noch wenig beachtet wird. Größter Wettbewerber für AIRO ist bislang der amerikanische Sportartikelhersteller Nike mit seinem 139 € teuren Nike+ FuelBand SE. Angesichts der Vorstellung von Apples iWatch im zweiten Halbjahr 2014 will sich das Unternehmen jedoch künftig aus der FuelBand Hardware-Entwicklung zurückziehen und sich stärker auf die Entwicklung von Fitness-Software konzentrieren. Nikes FuelBand misst derzeit in Echtzeit die Intensität von Workouts, zählt Schritte, zeichnet Schlafrhythmen auf, verfolgt den Kalorienverbrauch und zeigt die Uhrzeit an. Die Verbindung mit Smartphones und Computern erfolgt per Bluetooth 4.0. Im Gegensatz zum AIRO-Band verbindet Nike seine Tracking-Funktionen mit Spielen über die Nike+ Gruppen und verschiedenen Dienstleistungen. Zudem verfügt das FuelBand SE über eine sehr einfache Bedienung und zahlreiche Interaktionsmöglichkeiten, die dem Produkt neben den hohen Motivationsanreizen durch Gamification auf Dauer eine starke Wettbewerbsposition verleihen.

Entscheidend für einen dauerhaften Erfolg gegenüber der Konkurrenz wird für AIRO sein, ob es dem Unternehmen mit dem neuen Armband tatsächlich gelingt, die unterschiedlichen Lebenssituationen wie Ernährung, Schlaf, Bewegung, sportliche Belastung und Stress in Daten abzubilden. Hinzu kommt die Frage des Preises, der vor allem für die Akzeptanz in einem Mainstream-Markt entscheidend ist. Ein weiterer Erfolgsfaktor werden das Geschäftsmodell und die Verbindung des Produktangebotes mit weiteren Dienstleistungen und Produkten sein.

DAS POTENZIAL DES AIRO-WERTVERSPRECHENS

Mit der Kombination aus automatischen Ernährungs-, Schlaf-, Aktivitäts- und Stresstrackings stellt AIRO das bisher spannendste Wertversprechen auf dem Markt für Funktionsarmbänder dar. Bei den Funktionen »Kalorienmessung« und »Erfassen der Qualität von Mahlzeiten« ist AIRO bislang am Markt einzigartig und könnte sich dadurch langfristig deutlich von der Konkurrenz abheben. Alle übrigen Wettbewerber werden auch in absehbarer Zukunft nicht mit solch einem vollautomatischen Ernährungstracking aufwarten. Stattdessen versuchen sie, diese Funktion über die manuelle Eingabe per Smartphone-App zu lösen. Der zweite entscheidende Differenzierungsfaktor für AIRO ist die kombinierte Auswertung von Ernährungs-, Bewegungs-, Schlaf-, und Stressdaten. Allerdings muss sich in der Praxis erst noch beweisen, ob die innovative Sensortechnologie mit ihrer kombinierten Datenerfassung auf Dauer exakt und zuverlässig sein wird. Darüber hinaus muss AIRO Health noch eine Reihe weiterer Herausforderungen meistern, wenn sich das Unternehmen als Marktführer etablieren will. Dies umfasst vor allem die Themen »Preis«, »Ökosystem«, »visuelles Design«, »Interaktion«, »Qualität« und »Haptik« sowie die emotionale Bindung der Kunden.

DIE DELTA-ANALYSE DER INDIREKTEN FAKTOREN

Die Bewertung der indirekten Faktoren vergibt für jeden einzelnen Aspekt einen Score von 0-10. Um Tendenzen auf einen Blick zu erkennen, wird zusätzlich noch der direkte Vergleich auf einer Skala von – bis ++ angegeben.

Beim Stress- und Ernährungstracking sowie der Sensortechnologie schneidet AIRO im Vergleich zum Nike+ FuelBand SE deutlich besser ab. Dies liegt vor allem an der Technik des Spektrometers für das Ernährungstracking und die Pulsmessung. Beim Schlaf- und Sporttracking ist der Vorsprung zum Wettbewerber geringer. Hier kann die innovative Pulsmessung keinen nachhaltigeren Vorteil bewirken. Bei allen anderen indirekten Faktoren liegt das AIRO aufgrund der noch unausgereiften technischen Umsetzung sowie den noch nicht erfolgten Markttests hinter dem Nike+ FuelBand SE.

Auf der Basis der einzelnen Scores lässt sich feststellen, dass das generelle Wertversprechen bei AIRO aussagekräftiger ist. Durch das automatische Ernährungstracking und die Pulsmessung kann das Unternehmen seinen Kunden einen deutlichen Mehrwert bieten.

Faktoren	Begründung	Nike & FuelBand	Score	AIRO
Schlaftracking	AIRO weckt zum passenden Zeitpunkt	⊖	7	⊕
Ernährungstracking	Bei AIRO automatisch	⊖ ⊖	9	⊕ ⊕
Bewegungstracking	Nike hat die bessere Auswertung der Accelerometer-Daten	⊕	4	⊖
Stresstracking	Gibt es nur bei AIRO	⊖ ⊖	10	⊕ ⊕
Sporttracking	Durch Pulsmessung besser bei AIRO	⊖	7	⊕
Sensortechnologie	Spektrometer und Pulsmesser bei AIRO	⊖ ⊖	8	⊕ ⊕
Ökosystem	Nike+ Gruppen und Apps	⊕ ⊕	2	⊖ ⊖
Preis	AIRO 35 % teurer nach Markteinführung	⊕	3	⊖
Integration/ Schnittstellen	Bei AIRO für Android verfügbar jedoch vorhandene Integration und Schnittstellen bei Nike umfangreich	⊕	3	⊖
Wertversprechen generell	Automatisches Ernährungstracking bei AIRO; bestehendes Ökosystem bei Nike	⊖	6	⊕

Tabelle: Die Delta-Analyse der indirekten Faktoren.

GESAMTAUSWERTUNG MIT GEWICHTUNGEN

Um sich ein Gesamtbild des Unternehmens zu machen, müssen nun Bewertungsergebnisse der direkten und indirekten Faktoren zusammengeführt werden. Zur Erinnerung: In der quantitativen Analyse werden die direkten Faktoren anhand der Beurteilung des Marktes und die indirekten Faktoren anhand der Kaufentscheidung sowie des Konkurrenzvergleichs gemessen. Sie haben einen ganz unterschiedlichen Einfluss auf das Wertversprechen eines Unternehmens, was im Gesamtergebnis durch entsprechende Gewichtung berücksichtigt werden muss.

Die fünf gleichbedeutenden, direkten Faktoren werden aufgrund der Validität und Menge der Score-Daten doppelt so stark gewichtet wie die indirekten Faktoren. Sie machen damit insgesamt 75 Prozent des Endergebnisses der quantitativen Analyse aus.

Für das AIRO-Beispiel bedeutet das: Bei den direkten Faktoren »Visuelles Design« und »Qualität & Haptik« liegt das AIRO Health durch seinen eleganten Aluminiumkorpus weit vor der Konkurrenz. Die Alltagstauglichkeit muss sich dagegen erst noch beweisen. Das Gleiche gilt für die direkten Faktoren »Interaktion« und »Emotionalität«. Für die Gesamtbewertung ergibt sich aus dieser Einschätzung ein rechnerischer Zwischen-Score von 49,5 Punkten.

Die zehn indirekten Faktoren aus der Delta-Analyse gehen in die Endsumme folglich mit 25 Prozent ein. Dies liegt unter anderem daran, dass Kaufentscheidungen bei jedem Kunden nach unterschiedlichen Gesichtspunkten gefällt werden und somit allgemein nur grob geschätzt werden können. Zudem bezieht sich ein Vergleich mit dem Wettbewerb nur auf den

Überkategorie	Kategorie	Score 0-10	Gewichtung in %	Rechnerischer Score
Direkte Faktoren	Visuelles Design	9	20%	18
	Alltagstauglichkeit	4	20%	8
	Interaktion	5	20%	10
	Qualität & Haptik	9	20%	18
	Emotionalität	6	20%	12
Zwischensumme			100%	66
Rechnerische Zwischensumme (75%)				49,5
Indirekte Faktoren *(Delta-Analyse)*	Schlaftracking	7	10%	7
	Ernährungstracking	9	10%	9
	Bewegungstracking	4	10%	4
	Stresstracking	10	10%	10
	Sporttracking	7	10%	7
	Sensortechnologie	8	15%	12
	Ökosytem	2	20%	4
	Preis	3	5%	1,5
	Integration	3	5%	1,5
	Wertversprechen generell	6	5%	3
Zwischensumme			100%	59
Rechnerische Zwischensumme (25%)				14,75
Endsumme				64,25

Tabelle: Gesamtauswertung mit Gewichtung.

Hauptkonkurrenten. Die zehn indirekten Faktoren müssen darüber hinaus ebenfalls, je nach ihrem Einfluss auf das Wertversprechen, unterschiedlich gewichtet werden. So ist etwa die Sensortechnologie und vor allem ihre Einbindung in ein funktionierendes Ökosystem höher zu bewerten als der Preis, das generelle Wertversprechen oder die Integration mit anderen technischen Geräten *(Android und iOS reichen zunächst aus.)*. Die übrigen Arten des Trackings werden mit der gleichen Gewichtung versehen. Für die indirekten Faktoren ergibt sich damit ein rechnerischer Zwischen-Score von 14,75 Punkten. Die Gesamtauswertung ergibt damit einen Score von 64,25 Punkten *(von 100 möglichen)*.

Noch einmal: Das Wertversprechen ist die Essenz jedes Startups. Deshalb ist eine detaillierte Analyse der Value Proposition bereits in der ersten Phase eines Gründungsvorhabens unerlässlich. Wer nicht offen hinterfragt, ob die beabsichtigten Vorhaben die tatsächlichen Probleme der Kunden im Markt adressieren und lösen, wird sich schnell mit seinem Projekt im Nichts verlieren. Vor allem die indirekten Faktoren, die sich nur schwer messen und letztlich nur schätzen lassen, müssen kritisch untersucht werden. Sie tragen maßgeblich dazu bei, frühzeitig die Weichen für eine erfolgreiche Startup-Entwicklung und die damit verbundene Finanzierung zu legen. Dieser Prozess erfordert dann allerdings eine ganzheitliche Betrachtung. Das heißt, es muss eine Bewertung des gesamten Startups vorgenommen werden, die über Einzelanalysen wie etwa die des Wertversprechens weit hinaus geht. Wie das konkret in der Praxis ablaufen kann, stelle ich ausführlich in Kapitel 10 vor.

TAKE AWAYS

Das Wertversprechen ist die in Worte gefasste
Essenz eines Unternehmens.

~

Wertversprechen können generell die drei
Funktionen Nutzenentwickler, Bedürfnisoptimierer
und Problemlöser erfüllen.

~

Der Nutzen eines Wertversprechens muss auf
Anhieb verständlich sein.

~

Erfolgreiche Unternehmen prüfen bereits zu
Beginn ihrer Gründung die Praxistauglichkeit von
Wertversprechen anhand von Markttests.

~

Ein überzeugendes Wertversprechen zieht die
Early Adopters, die frühen Anwender an.

~

Wesentlicher Bestandteil einer
umfassenden Analyse des Wertversprechens ist ein
Vergleich mit der Konkurrenz.

KUNDEN intelligent
GEWINNEN

4

4 KUNDEN INTELLIGENT GEWINNEN

Geschäftsmodelle sind der Schlüssel zum Kunden. Sie definieren, mit welchen Mitteln das Wertversprechen im Markt angeboten wird. Dieses Startup-Fundament bewusst zu gestalten, erfordert Vorstellungskraft und logisches Denken.

Bei diesem Thema trennt sich die Spreu vom Weizen. Denn das Geschäftsmodell entscheidet, ob Startups wirklich durchstarten oder schnell in der Versenkung verschwinden. Auf den ersten Blick scheint der etwas sperrige Begriff aus den Wörtern »Geschäft« und »Modell« das vielleicht nicht vermuten zu lassen, aber dieser Aspekt der Gründung ist der kreative Kern jedes Unternehmens. Hier wird der Bauplan für den Inhalt einer Firma gelegt, der sie einzigartig und innovativ macht. Dieses Firmenfundament ist – anders als der Begriff »Geschäftsmodell« suggeriert – ständig in Veränderung begriffen. Nur so können Startups auf die Herausforderungen des Wettbewerbs erfolgreich reagieren.

Geschäftsmodelle präzisieren, mit welchen Ressourcen, Partnern sowie Prozessen das Wertversprechen umgesetzt und in den Markt ausgeliefert wird. In diesem Zusammenhang zeigen die Baupläne etwa auch die Kundenbeziehungen und die Verkaufskanäle auf. Zudem definieren sie die Kosten- und Umsatzstrukturen. Erst diese Gesamtschau ebnet den Weg für dauerhafte Renditen im Markt. Frei nach dem großen Managementdenker Peter Drucker kann das Geschäftsmodell durch die folgenden drei Punkte zusammengefasst werden:

1. **Leistungsangebot:** Mit welchem Produkt oder welcher Dienstleistung wird Geld verdient?
2. **Wertschöpfung:** Wie wird das Geld verdient? Wie wird das Leistungsangebot bereitgestellt oder produziert? Und wie erreicht es den Kunden?
3. **Erlösmodell:** Mit welchem Preis und über welche Kanäle wird das Geld verdient?

Damit unterscheidet sich dieser Ansatz deutlich von dem traditionellen Verständnis der Unternehmensgründung, das eher das Prinzip Versuch-und-Irrtum verfolgt. Das Konzept des Geschäftsmodells führt zu einer Systematisierung, dem bewussten Gestalten – zur »Designbarkeit« – von Startups und ihren Prozessen, was zuallererst eine geistige Arbeit ist, bei der Vorstellungskraft sowie logisches Denken gefragt sind. Was sich so einfach anhört, ist ein Wechselspiel zwischen zahlreichen Ideen, Technologien, Fachkenntnissen sowie Konzepten zu jedem der drei oben genannten Grundthemen. Jeder dieser Aspekte bietet bereits für sich allein genommen viel Raum für die alles entscheidende Innovation. Doch erst in ihrer Kombination entfaltet das Geschäftsmodell sein ganzes Potenzial.

Aktuell ist der kalifornische Hersteller von Elektroautos Tesla Motors ein Paradebeispiel für revolutionäre Geschäftsmodelle. Das Unternehmen, das eher an ein agiles Internet-Startup erinnert, setzt gleich in allen drei Hauptkriterien innovative

Maßstäbe. Einerseits haben die Tüftler neben einer bislang einmaligen Akku-Technologie auf der Basis von kleinen Lithium-Ionen-Zellen zahlreiche technische Innovationen wie eine bessere Straßenlage, umfangreicheren Stauraum oder mehr Sicherheit entwickelt *(Leistungsangebot)*. Andererseits revolutionieren sie den Handel durch Direktverkauf an die Kunden, was bereits zu heftigen Protesten und Klagen der Autohändler geführt hat *(Erlösmodell)*. Noch wichtiger als der Direkthandel ist jedoch der Anspruch Teslas, ein Komplettanbieter für Elektromobilität zu sein *(Wertschöpfung)*. Konkret heißt das: Tesla wird künftig auch die Stromversorgung anbieten. Dazu ist Unternehmensgründer Elon Musk ebenfalls größter Anteilseigner von Solarcity geworden, einem Anbieter für Photovoltaik-Anlagen und der Ladestationen von Tesla. Mit beiden Technologien zusammen will Musk ein Netz von Schnellladestationen in den USA und Mitteleuropa etablieren, das die Elektroakkus innerhalb von 20 Minuten bis zur Hälfte aufladen soll – und zwar kostenlos.

Das Unternehmen definiert damit das Thema »Mobilität« in der Automobilindustrie völlig neu. Statt einfach nur Autos verkauft Tesla umweltfreundliche Reichweite! Das Konzept der Kalifornier erinnert dadurch mehr an das eines Funknetz-Providers und Handyanbieters als an einen Automobilhersteller.

DAS INTERNET REVOLUTIONIERT
DIE GESCHÄFTSMODELLE

Enorm an Bedeutung gewonnen hat das Thema »Geschäftsmodell« mit der rasanten Verbreitung des Internets in den vergangenen Jahren. Die globale Vernetzung hat nicht nur ganz neue Produkte und Dienstleistungen hervorgebracht. Sie hat vor allem das Unternehmertum durch innovative Geschäftsmodelle auf den Kopf gestellt *(siehe Kapitel 5)*. Durch die Nutzung des Internets ist es heute viel leichter, Startup-Ideen mit Hilfe moderater Investitionen umzusetzen. Technologischer Vorsprung wie etwa der einem breiten Käuferpublikum zugänglich gemachte MP3-Spieler iPod reicht allein kaum noch aus, um langfristige Wettbewerbsvorteile zu erzielen. Es sind neuartige Geschäftsmodelle wie Apples iTunes, die Firmen dauerhaft eine führende Marktposition verschaffen. So konnte Microsoft der Kombination aus iPod und iTunes, einer integrierten Lösung für überall verfügbares Musikvergnügen, mit seinem iPod-copy-cat Zune nichts entgegensetzen. Auch die dominierenden Plattenlabels wie Sony oder BMG wurden fast über Nacht abhängig von Apple.

Um mit einem Geschäftsmodell dauerhaft Wettbewerbsvorteile zu erwirtschaften, braucht es heute sogar überhaupt kein innovatives Produkt mehr. Das belegt das Beispiel des Leasingmodells Power by the Hour von Rolls Royce im Rahmen des bereits erwähnten Trends Industrie 4.0. Der Vertreter der alten Industriekultur hat sein bestehendes Turbinengeschäft mit Fluglinien damit revolutioniert. Mit der Vermietung garantiert das Unternehmen den Airlines jederzeit einwandfrei gewartete Turbinen. Voraussetzung für den Erfolg des Modells war allerdings, dass ausschließlich Rolls Royce die Maschinen überprüft und keine Drittanbieter für den Service hinzuzieht. Zudem musste der Turbinenhersteller seine Wertschöpfung per Internet digitalisieren, um ständig über die Anforderungen der Kunden informiert zu sein und sofort reagieren zu können.

Beispiele wie Tesla und Rolls Royce zeigen, dass die Wertschöpfung der einfachste Ansatzpunkt ist, um ein erfolgreiches Geschäftsmodell zu etablieren. Meine Erfahrung in der Beratung von Startups bestätigt diese Vorgehensweise. Innovationen entstehen vor allem an den Schnittstellen von Arbeitsabläufen. Oder wie Steve Jobs einmal sagte: »Innovation happens on the next curve«. Das heißt aber nicht, dass Gründer sich nicht um neue Leistungsangebote und Erlösmodelle kümmern sollten. Teslas Geschäftsmodell wäre ohne seine innovative Technologie wertlos. Der Dreh- und Angelpunkt ist jedoch die Revolution in der Wertschöpfung. Schließlich entwickelt sich ein Produkt nicht allein durch perfekte Technik zu einem erfolgreichen Geschäftsmodell, sondern erst dadurch, dass es einen Mehrwert für den Kunden entwickelt – dies entlang der gesamten Wertschöpfungskette von der Herstellung über die Distribution bis zur Käuferbeziehung. Diese Tatsache ist jedoch von vielen Entwicklern und Erfinder-Unternehmern bislang noch nicht verinnerlicht worden.

DIE BAUSTEINE ERFOLGREICHER GESCHÄFTSMODELLE

Konkret umfasst das Geschäftsmodell verschiedene strategische Themen. Im Mittelpunkt steht dabei immer das Wertversprechen *(siehe Kapitel 3)* an den Kunden. Alle übrigen acht Bausteine richten sich an diesem aus. Die einzelnen Punkte im Überblick:

Lukrative Zielkunden definieren

Hier geht es um die Klärung, welche Kundengruppen und Märkte das Startup ansprechen will. Soll etwa ein Massen- oder ein Nischenmarkt bedient werden? Richtet sich das Leistungsangebot an Geschäfts- oder Endkunden? Und wie sollen die Kunden bedient werden? Je genauer die Definition der Zielgruppe, desto klarer ist das Geschäftsmodell.

Den richtigen Kundenkontakt etablieren

Aufbauend auf der Zielgruppendefinition muss festgelegt werden, wie der Kontakt zu den Kunden gepflegt wird. Ist etwa eine persönliche Betreuung notwendig? Oder sollen Anfragen in automatisierten Abläufen bearbeitet werden? Zudem muss geklärt werden, ob Kunden sich über Online-Communities oder Web-Portale Unterstützung einholen können. Die Entscheidung über den Einsatz und die Entwicklung der einzelnen Maßnahmen muss jedoch immer anhand einer umfassenden Kosten-Nutzen-Relation geprüft werden.

Eine kundenfreundliche Vertriebsstrategie entwickeln

Hier wird die Frage beantwortet, wie das Leistungsangebot im Markt konkret angeboten wird. Soll ein Direktvertrieb gewählt werden? Oder ist ein indirekter Verkauf über Partner, Reseller, Zwischen- und Großhändler sinnvoll? Letzteres macht vor allem dann Sinn, wenn Unternehmen mit ihren Produkten Teil eines komplexen Lösungsgeschäfts sind, das zum Beispiel neben Software auch Hardware und Services umfasst, die aber von einem Software-Anbieter nicht allein erbracht werden. Vertriebspartner können zudem über Cross- und Up-Selling zusätzliche Geschäftspotenziale eröffnen. Zur Beantwortung der Fragen zur Vertriebsstrategie sind alle Themen des Kaufprozesses wie »Aufmerksamkeit«, »Vergleich«, »Bewertung«, »Kaufmöglichkeit«, »Auslieferung«, »After Sales« oder »Beziehungspflege« detailliert zu prüfen.

Notwendige Schlüsselprozesse auswählen

Sie sichern den Cashflow und die Einhaltung des Wertversprechens. Im reinen Produktgeschäft gestalten die Schlüsselprozesse den Lebenszyklus sowie die weitere Geschäftsentwicklung. Beim Dienstleistungsgeschäft hingegen stellen sie das Projekt- und Ressourcenmanagement in den Fokus, die sicherstellen, dass alle Kundenanfragen zeitnah bewältigt werden. Grundsätzliche Schlüsselprozesse sind »Design«, »Produktentwicklung«, »Beschaffung«, »Forschung«, »Personalbeschaffung« sowie »Personalweiterbildung« und die »Informationstechnologie«. Wichtig sind aber auch Kreditbedingungen, Vorlaufzeiten oder Lieferantenbedingungen.

Starke Partnerschaften aufbauen

Ohne Geschäftspartner ist kein Startup erfolgreich. Deshalb muss von Beginn an festgelegt werden, mit wem die Gründer zusammenarbeiten wollen. Die Wahl der Hauptlieferanten gehört ebenso dazu wie die Definition der Zulieferer oder die Entscheidung über mögliche Joint Ventures und Netzwerke. Vor allem Partner aus der Industrie sind oft ein Katalysator für Gründungsprojekte, weil sie das unternehmerische Denken fördern.

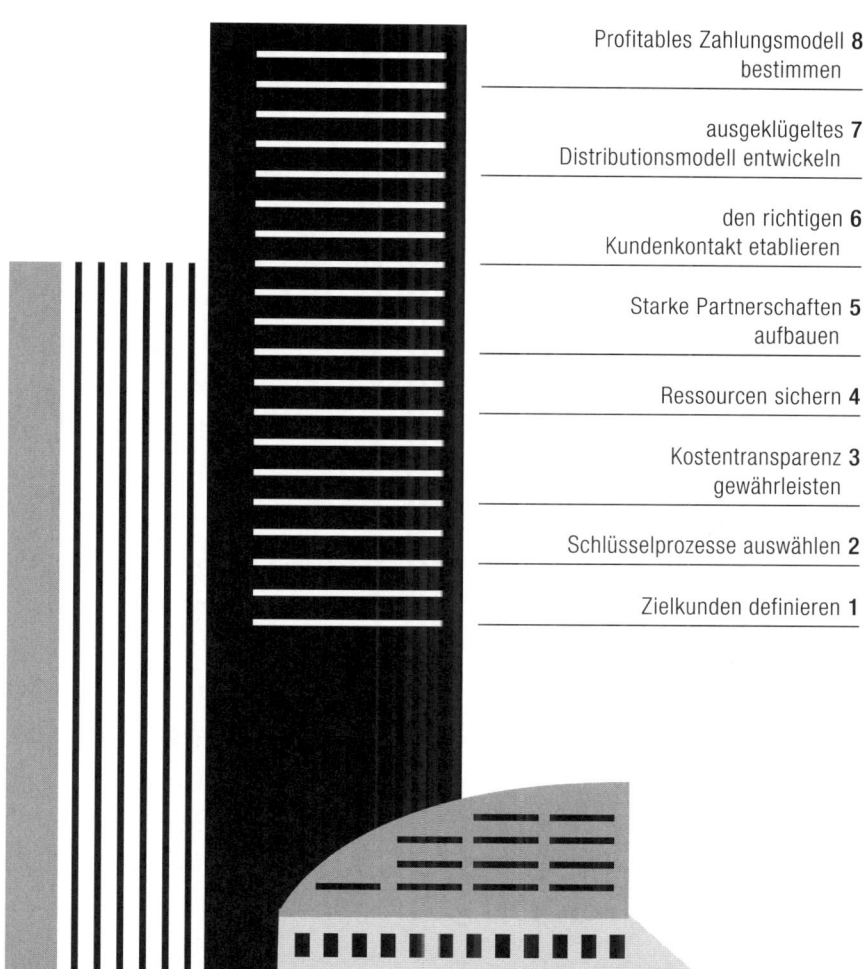

Profitables Zahlungsmodell **8** bestimmen

ausgeklügeltes **7** Distributionsmodell entwickeln

den richtigen **6** Kundenkontakt etablieren

Starke Partnerschaften **5** aufbauen

Ressourcen sichern **4**

Kostentransparenz **3** gewährleisten

Schlüsselprozesse auswählen **2**

Zielkunden definieren **1**

GESCHÄFTSMODELL

Ressourcen sichern

Dieser Punkt umfasst alles, was ein Startup an finanziellen, menschlichen und physischen Mitteln benötigt, um das Leistungsangebot zu gewährleisten. Neben dem Cashflow, Kreditlinien und Forderungen umfasst dies auch Produktionsanlagen, Immobilien, Patente, Schutz- und Markenrechte, Fachkräfte sowie Know-how. Außerdem muss geklärt werden, wie schnell die Ressourcen umgesetzt werden sollten, um Zielmenge und -umsatz zu erreichen. Dazu zählen auch Rüstzeiten, Durchsatz, Lagerumschlag und Ressourcenauslastung.

Kostentransparenz gewährleisten

Unerlässlich für ein erfolgreiches Geschäftsmodell ist eine transparente Kostenstruktur. Ohne das Wissen, welche Aktivitäten und Ressourcen die höchsten Aufwendungen verursachen, an welcher Stelle Fix- und variable Kosten anfallen oder wie hoch die Gemein- sowie Einzelkosten sind, lassen sich keine Preismodelle und keine Cashflow-Planung entwickeln. Eine genaue Auflistung der benötigten Investitionen erleichtert Investoren zudem die Einsicht in den Kapitaleinsatz und erhöht die Beteiligungsbereitschaft.

Profitables Zahlungsmodell bestimmen

Abschließend müssen die Gründer noch das Zahlungsmodell bestimmen, mit dem die Kunden das Leistungsangebot erwerben können. Die Möglichkeiten reichen von einmaligen Zahlungen, Abo-Modellen oder einer Kombination bis zu Freemium-Lösungen und Factoring- sowie Fulfillment-Partnern. Abhängig ist das Zahlungsmodell zudem von der Margenkalkulation, also dem angestrebten Nettogewinn.

Die Kombination dieser oben genannten Punkte führt dazu, dass Startups die Basis für eine Wettbewerbsfähigkeit schaffen. Der Glaube, dass man allein durch gutes Marketing und einen optimalen Vertrieb Alleinstellungsmerkmale erzielt, ist falsch. Die Art und Weise, wie der Vertrieb und das Marketing gestaltet werden, hängt immer von den spezifischen Anforderungen eines Geschäftsmodells ab. In jedem Startup-Prozess steht am Anfang eine Idee, eine Lösung für ein Kundenproblem. Daraus werden konkrete technische Produkte oder eine Dienstleistung entwickelt. Beide, Produkt und Dienstleistung, erfordern allerdings ganz unterschiedliche Geschäftsmodelle. In letzterem Fall steht das Thema »Ressourcen« – hier vor allem Menschen – sowie das Projektmanagement im Mittelpunkt. Denn das Dienstleistungsangebot ist ein kontinuierlicher Fluss, der immer wieder erneuert und optimiert werden muss.

Ein Geschäftsmodell für technische Produkte legt dagegen den Fokus vor allem auf die Themen »Lebenszyklus« sowie »Forschung und Entwicklung«. Beide Geschäftsmodelle sind demnach nicht nur inhaltlich unterschiedlich. Sie weisen auch ganz verschiedene Kostenstrukturen sowie Risiken und Herausforderungen auf. Erst wenn diese Aspekte geklärt sind, können Vertrieb und Marketing definiert werden. Schließlich handelt es sich quasi um zwei vollkommen unabhängige Geschäftsmodell-Welten, die ganz anders vermarktet und verkauft werden müssen. Aber Achtung: Die beste Marketingstrategie und die besten Vertriebskräfte werden nichts bewirken, wenn das Wertversprechen keine Substanz hat und die Bedürfnisse der Kunden unzureichend bedient. Am Anfang einer exzellenten Vertriebs- und Marketingstrategie steht für die Verkaufsexperten also immer eine enge Zusammenarbeit mit Produkt-Managern, Entwicklern und Kunden.

KUNDENAKZEPTANZ DURCH VERÄNDERUNG

Einmal entworfen, dürfen Startups sich auf ihrem Geschäftsmodell nicht ausruhen. Die Konkurrenz schläft nicht und Märkte verändern sich. Erfolgreiche Geschäftsmodelle sind daher ständig in Bewegung und entwickeln sich weiter. Sie müssen laufend an die aktuellen Bedingungen des Marktes und der Kunden angepasst werden. Zu viel zu früh zu wollen, kann genauso fatal sein, wie das Festhalten an einem einmal erfolgreichen Konzept. In meiner eigenen Unternehmerkarriere war dies eine der wichtigsten Lektionen.

Als ich 1999 mit einem Partner ein kleines Software-Unternehmen gründete, verloren wir uns schon bald in den Möglichkeiten unseres Produkts. Wir hatten eine Technologie entwickelt, die es bereits damals ermöglichte, ohne Programmierung komplette Geschäftsprozesse zu modellieren, webbasiert laufen zu lassen und geschäftsrelevante Informationen mit großen Datenmengen mobil über PDA *(Personal Digital Assistant)* bereitzustellen und auszutauschen. Selbst für Microsoft war das damals noch ein Fremdwort – und wir unserer Zeit deutlich voraus. Zu sehr auf unser Produkt fixiert, versäumten wir es allerdings, ein tragfähiges Geschäftsmodell zu entwickeln. Weder konnten wir auf einen über mehrere Branchen verteilten Kundenstamm zurückgreifen, noch verfügten wir über eine langfristige Finanzierungsstrategie. Stattdessen verfolgten wir eine kurzfristige Sicht und fokussierten uns auf einige lukrative Kunden in der Baubranche. Zwar setzten wir mit ihnen sehr erfolgreiche Projekte um. Doch als die Baubranche 2003 in die Krise stürzte, wurde unser Startup in diesem Sog mitgerissen und musste aufgeben – trotz des vielversprechenden Produkts.

Eine solche Entwicklung lässt sich jedoch frühzeitig vermeiden. Wenn Gründer das Thema »Geschäftsmodell« ernst nehmen, stellen sie ihr Startup von Anfang an auf ein festes Fundament. Doch damit noch nicht genug. Dieses Fundament muss schließlich auch auf seine Standfestigkeit geprüft werden. Dazu bietet sich eine umfassende Geschäftsmodell-Analyse im Rahmen einer Belastbarkeitsprüfung an. Wie solch eine Bewertung aussehen kann, illustriere ich an dem folgenden Beispiel der deutschen Firma Cloud&Heat Technologies.

GESCHÄFTSMODELL AUF DEM PRÜFSTAND: DAS BEISPIEL CLOUD&HEAT TECHNOLOGIES

Das Dresdner Startup Cloud&Heat Technologies hat das innovative Wertversprechen entwickelt, Privathaushalte und gewerbliche Immobilien mit industrieller Server-Abwärme beheizen zu wollen. Damit verbindet das Unternehmen zwei bisher vollkommen getrennte Märkte: Cloud Computing und den klassischen Heizungsmarkt. Um Wertschöpfung zu erzielen, ist dieses sogenannte mehrseitige Geschäftsmodell also auf die Verknüpfung von unabhängigen Kundengruppen angewiesen. Dies sind einerseits die Nutzer von Serverkapazitäten und andererseits die Bezieher von Heizungswärme in Privathaushalten sowie Gewerbeimmobilien. Fällt eine dieser Kundengruppen aus, scheitert automatisch das Firmenkonzept von Cloud&Heat Technologies.

Die revolutionäre Idee, industrielle Abwärme für den privaten Heizungsgebrauch zu nutzen, entstand aus der Beobachtung, dass die Kühlsysteme in Rechenzentren für mehr als 50 Prozent der Energiekosten verantwortlich sind. Cloud&Heat Technologies konzipierte daher dezentrale Rechenzentren in Form von Serverschränken, die in Privathaushalten oder gewerblichen Immobilien installiert werden, um über einen Wärmetauscher Heizungswärme kostengünstig und umweltfreundlich zu produzieren. Gleichzeitig werden die Rechenleistungen in einer Cloud zusammengeführt und deren Dienste vor allem Geschäftskunden über das Internet zugänglich gemacht.

Doppelter Kundennutzen

Das Serverheizungssystem von Cloud&Heat Technologies besteht aus einem Serverschrank, einem Wärmetauscher und einem Pufferspeicher, der das System gegen Ausfall absichert. Für den Endanwender funktioniert die Anlage wie ein herkömmliches Heizungssystem und kostet mit 12.000 € auch in etwa das Gleiche. Die Immobilienbesitzer tragen allerdings nur die Anschaffungskosten. Die Betriebskosten der Server übernimmt Cloud&Heat Technologies. Das System bietet ökologisch nachhaltige Heizungslösungen, bei denen kein zusätzlicher CO_2-Ausstoß anfällt, da lediglich die Abwärme der Serverschränke genutzt wird. Die einzige Installationsvoraussetzung ist ein Breitband-Internetanschluss.

Mit dem Angebot seines leistungsstarken Clouddienstes, das sich aus dem Netzwerk der dezentral aufgestellten Serverschränke speist, richtet sich Cloud&Heat Technologies vor allem an kleine und mittelständische Unternehmen *(KMU)*, die sich keine eigene Serverlandschaft leisten wollen oder können. Dazu vernetzt das Startup die einzelnen Servereinheiten virtuell und lässt diese über ein Virtual Private Network *(VPN)* miteinander kommunizieren. Die Dezentralisierung des Rechenzentrums gewährleistet eine hohe Datensicherheit und schnelle Informationsübertragung.

Der Verknüpfung der beiden Märkte Cloudangebote und Heizungswärme senkt Energiekosten und fördert den Umweltschutz, da sowohl mehr als 50 Prozent der Betriebskosten für Kühlsysteme in Rechenzentren und 100 Prozent der Heizkosten in Privathaushalten eingespart werden. Gegenüber der Konkurrenz besticht Cloud&Heat Technologies also vor allem durch geringere Kosten für die Kunden. Dieser Vorteil kann aber erst dann an die Cloud-Kunden weitergegeben werden, wenn im Rahmen der Datenspeicherangebote etwaige Skaleneffekte, wie sie große Rechenzentren schon heute vorweisen, genutzt werden.

Service nach Bedarf

Das Cloud&Heat Technologies-Heizungssystem erfordert in der Regel kaum Kommunikation mit den Kunden, außer im Falle der regelmäßigen Wartungen. Daher nimmt das Unternehmen einmal jährlich persönlich Kontakt auf und steht im Bedarfsfall für Service-Leistungen zur Verfügung. Für die Clouddienste können Anpassungen und individuelle Wünsche weitestgehend über ein Webinterface bedient werden. Auch hier steht im Bedarfsfall ein Supportteam zur Verfügung. Die Kundenbeziehung ist also auf bedarfsgesteuerte Service-Leistungen ausgerichtet. Insbesondere bei einer nötigen Skalierung müssen individuelle Service-Leistungen möglichst kostenneutral erbracht werden, um rentabel zu sein.

Zwei Vertriebsstrategien

Eine Heizungsanlage für eine Immobilie stellt ein hohes Investment dar und erfordert eine Abstimmung auf die individuellen Gegebenheiten vor Ort. Daher muss davon ausgegangen werden, dass Cloud&Heat Technologies diesen Vertrieb über persönliche Beratung organisiert und somit lokale Vertriebspartner aufbaut. Die Clouddienste können über die Website gebucht werden, da sie weniger persönliche Verkaufsberatung erfordern. Lediglich persönlicher Support wird telefonisch gewährleistet.

Anspruchsvolle Geschäftsabläufe

Die Heizungssysteme und Clouddienste erfordern einen reibungslosen Betrieb, der durch ständige Wartung und Support sichergestellt sein muss. Um kontinuierlichen und kostengünstigen Service sowie eine qualitativ hochwertige Installation anbieten zu können, wird die Rekrutierung und Ausbildung von Fachkräften entscheidend sein. Zudem sind die Entwicklung und der Betrieb zentraler Monitoring- und Steuerungssysteme erforderlich, die die optimale Leistung der dezentralen Server- und Energiesystemstrukturen jederzeit gewährleisten. Auch müssen Heizsysteme konstruiert werden, die in verschiedensten Gebäuden eingesetzt werden können. Eine besondere Herausforderung stellt die Verknüpfung der beiden Geschäftsfelder für Cloud&Heat Technologies dar. Ein zielgruppenspezifisches Marketing und möglicherweise völlig unterschiedliche Vertriebsstrategien sind ebenso wichtig wie eine eindeutige Trennung der beiden Bereiche Heizungssysteme und Clouddienste in der Kommunikation. Jedoch muss der Ausbau beider Produkte gleichmäßig vorangetrieben werden, um keine Über- und Unterkapazitäten an Servern zu erzeugen. Weitere wichtige operative Tätigkeiten umfassen Einkauf, Produktion und Controlling.

Effektiv vernetzt

Cloud&Heat Technologies ist durch sein Gründungsteam bestens in der Wissenschaft vernetzt. Der Chief Cloud Architect des Unternehmens, Professor Christof Fetzer, ist auch Inhaber des Lehrstuhls Systems Engineering an der Technischen Universität Dresden. Die Idee von Cloud&Heat Technologies entstand durch seine Forschung nach sinnvollen Anwendungen für Serverabwärme. Neben der TU Dresden kooperiert das Startup auch mit Verbänden wie der IG Passivhaus als Schlüsselpartner, die sich für neue Wärmedämmungskonzepte und den Verzicht auf klassische Gebäudeheizungssysteme einsetzten. Zur Realisierung und Verbreitung der Clouddienste arbeitet das Startup mit dem ECO Internetverband und der Eurocloud Deutschland_ECO zusammen. Der ECO Internetverband ist die größte Organisation der Internetwirtschaft in Europa. Er fördert Technologien, setzt Rahmenbedingungen und vernetzt mehr als 700 Mitglieder untereinander. Der Eurocloud Deutschland_ECO Verband ist der deutsche Ableger der Cloud Computing-Industrie und repräsentiert Deutschland im europäischen Netzwerk. Die Partnerschaften decken zunächst insbesondere den Vertrieb beider Geschäftsbereiche ab.

Gesicherte Wachstumsbasis

Zum jetzigen Zeitpunkt scheint Cloud&Heat Technologies insbesondere über Ressourcen für die weitere Entwicklung der Server-, Heiz- und Steuerungssysteme zu verfügen. Zum Erreichen möglichst großer Skaleneffekte muss Cloud&Heat Technologies allerdings in relativ kurzer Zeit wachsen. Die Ausstattung mit genügend Kapital wird daher künftig eine der größten Herausforderungen sein. Wichtige Ressourcen, um langfristig Wettbewerbsvorteile zu halten, sind Wissen und Patente, die Cloud&Heat Technologies bereits beantragt hat. Im Zentrum stehen hierbei die technische Invention der Nutzung von Serverabwärme sowie die Bereitstellung dezentraler Serverstrukturen. Dieser technologische Vorsprung ermöglicht eine nachhaltige Differenzierung gegenüber dem Wettbewerb. Nicht sicher ist, ob der stark unterschiedliche Vertrieb an beide Kundengruppen erfolgreich bewältigt werden kann und welche Ressourcen dafür notwendig sein werden.

KOSTENINTENSIVES LEISTUNGSANGEBOT

Einen der größten Kostenblöcke stellt der Betrieb der Server dar. Denn Cloud&Heat Technologies bezahlt seinen Kunden die Betriebsaufwendungen. Außerdem werden die Server in jährlichen Intervallen gewartet. Auch diese Kosten werden vom Betreiber übernommen. Entscheidender Vorteil gegenüber allen anderen Rechenzentrumsbetreibern sind eingesparte Kühlkosten für die Server. Unabhängig vom Verkauf und Betrieb der Server entstehen zusätzliche Aufwendungen durch das Angebot der Clouddienste. Hierfür müssen entsprechendes Personal beschäftigt und technische Lösungen entwickelt werden. Selbstverständlich umfassen die Kosten auch die gesamte Wertschöpfungskette vom Einkauf über die Produktion bis zum Marketing und Vertrieb sowie die Installation der Serverheizungssysteme.

ZWEI EINNAHMEQUELLEN

Cloud&Heat Technologies besitzt mit den Sparten Heizungssysteme und Clouddienste zwei Einnahmequellen. Hierbei generiert der erste Bereich Umsätze durch Einmalzahlungen für den initialen Verkauf der Serverheizungssysteme. Die Clouddienste werden dagegen kontinuierlich und variabel je nach in Anspruch genommener Leistungen berechnet. Es ergibt sich somit eine Mischung aus kontinuierlichen Einnahmen durch Cloud-Dienste und größeren einmaligen Umsätzen aus dem Verkauf von Heizungssystemen.

KRITISCHE BEWERTUNG

Der große Vorteil von Cloud&Heat Technologies ist die Unabhängigkeit der angebotenen Abwärme-Technologie vom wirtschaftlichen Erfolg. Solange die Server ausreichend genutzt werden, muss das Unternehmen keine Primärenergie zukaufen, um das Heizungsversprechen an die Kunden einzuhalten. Allerdings liegen noch keine Praxistests vor. Eine Markteintrittshürde könnte der relativ hohe Anschaffungspreis von rund 12.000 € für die Anlagen sein. Dieser konkurriert zwar mit den Preisen herkömmlicher Heizungssysteme. Disruptive Innovationen werden von Kunden jedoch anfangs meist sehr zurückhaltend angenommen. Eine weitere Hürde liegt in den Voraussetzungen für die zu beheizende Immobilie. Im Idealfall sollte es sich um ein Passivhaus mit Breitband-Internetanschluss handeln.

Alles in allem kann Cloud&Heat Technologies mit zwei wirklichen Neuheiten aufwarten. Einerseits hat das Startup mit seinem innovativen Heizungskonzept ein technisches System geschaffen, das Serverabwärme effizient nutzt. Bisher ist Cloud&Heat Technologies in diesem Bereich Technologieführer. Andererseits hat das Startup es geschafft, durch eine Geschäftsmodellinnovation zwei bisher vollkommen unabhängige Märkte zu verknüpfen und somit die laufenden Heizkosten von Immobilien und die Kühlkosten von Rechenzentren massiv zu reduzieren. Aus der Kombination entsteht ein nur sehr schwer zu kopierendes Geschäftsmodell mit nachhaltigen Wettbewerbsvorteilen.

RICHTIG DICKE FISCHE ANGELN

TAKE AWAYS

Geschäftsmodelle präzisieren, mit welchen
Ressourcen, Partnern sowie Prozessen das Wertversprechen
im Markt umgesetzt wird.

~

Ein Geschäftsmodell besteht aus den drei Faktoren
Leistungsangebot, Wertschöpfung und Erlösmodell.

~

Das Internet treibt die Entwicklung innovativer
Geschäftsmodelle voran und erleichtert deren Umsetzung mit
Hilfe moderater Investitionen.

~

Erfolgreiche Marketing- und Vertriebsstrategien hängen von
einem fundierten Geschäftsmodell ab.

~

Gute Geschäftsmodelle passen sich laufend den
veränderten Bedürfnissen der Kunden an.

~

Mehrdimensionale Geschäftsmodelle erhöhen die
Umsatz- und Gewinnchancen, sind aber auch abhängiger von
einzelnen Kundengruppen.

»In der Welt der Innovationen kommt es auf das beste Gesamtpaket an,
seltener nur auf die Technologie. Den Anforderungen des Marktes gilt es,
gerecht zu werden. Auch das Durchhaltevermögen ist entscheidend.
Erst recht bei disruptiven Technologien.«

CLAUS-GEORG MÜLLER
VORSTANDSVORSITZENDER, MIC AG

Sich laufend **NEU**
ERFINDEN

5

5 SICH LAUFEND NEU ERFINDEN

Auf Dauer am Markt zu bestehen, verlangt Innovationsfähigkeit. Das wiederum erfordert eine Unternehmenskultur, in der viel Raum für freien Gedankenaustausch und kreative Entfaltung besteht. Innovative Firmen verstehen es darüber hinaus, in Netzwerken zu agieren und daraus einen Nutzen für das eigene Geschäft zu ziehen.

Es ist ein Irrglaube. Viele Gründer sind tatsächlich felsenfest davon überzeugt, dass eine bahnbrechende Idee oder eine technische Erfindung automatisch Erfolg bedeuten. Doch die Tatsachen des Geschäftsalltags holen sie mitunter schnell auf den Boden der Realität zurück. So verfolgen junge Unternehmer vielleicht ein ideelles Ziel. Aber dessen Entwicklung geht völlig an den Bedürfnissen der Kunden vorbei. Oder ihre Erfindung macht zwar objektiv Sinn, erfährt aber keine öffentliche Unterstützung, weder in puncto Vermarktung noch Finanzierung.

Wie sehr der Erfolg einer vielversprechenden Geschäftsidee vor allem davon abhängt, ein entsprechendes Ökosystem, also ein Marktumfeld samt Geschäftsmodell zu gestalten, erkannte bereits der Vorreiter bei der Entwicklung der Glühbirne, Thomas Edison. Statt sich lediglich auf die technische Perfektion seiner neuen Beleuchtungstechnik zu fokussieren und darauf zu hoffen, dass die Menschen von allein deren Vorteile erkennen, ging er einen Schritt weiter. Edison entwickelte ein komplettes Geschäftsmodell aus Generatoren, Zählern, Trafostationen und Übertragungsleitungen. Erst mit dessen Hilfe ließ sich das damals vorherrschende System der Petroleumbeleuchtung ablösen. Was Edison verinnerlichte – viele Gründer heute aber, meiner Erfahrung nach, ignorieren – ist das Wissen darum, was eine Innovation von einer Erfindung *(Englisch: invention)* unterscheidet.

Beide Begriffe stammen aus dem Lateinischen – und zwar von innovare, erneuern, und invenire, erfinden. Obwohl sie ähnlich klingen, liegen Welten zwischen ihrer Bedeutung. Wie ich in meiner Beratungsarbeit immer wieder erlebe, sind viele Gründer hervorragende Entwickler und Erfinder, die eine echte technische Erneuerung oder sogar bereits eine neue Produktlösung kreiert haben. Doch eine neue Software mit einer noch nicht dagewesenen Funktion, die den Geschäftsalltag verbessert, mag zwar wunderbar sein, sagt jedoch für sich genommen über den Erfolg des Startup-Projekts nichts aus. Dazu müssten Gründer nicht nur entwickeln können, sondern wirklich innovativ sein, denn eine echte Innovation umfasst viel mehr. Dazu gehört, neben einem entsprechenden Geschäftsmodell, Verständnis für die Kundenbedürfnisse, Wissen um die Ansätze der Konkurrenz, eine Vermarktungsstrategie sowie Kenntnisse über die Spielregeln des Marktes. Erst wenn das Ökosystem die Neuheit in dieser Gesamtheit annimmt, lässt sich eine bahnbrechende Technologie erfolgreich etablieren.

NEUE ÖKOSYSTEME ERFINDEN

Ein weiterer Fehler neben der oft mangelnden Gesamtschau, den viele Gründer begehen, ist das bloße Verbessern von bestehenden Leistungsangeboten oder das Nachahmen zu effizienteren Konditionen. Dieser sogenannte Me-Too-Ansatz mag kurzfristig Aufmerksamkeit erzeugen und auch kleine wirtschaftliche Erfolge bringen – solange der Markt wächst. Auf Dauer werden sich Startups mit dieser Strategie nicht durchsetzen können. Ein wesentlicher Grund dafür ist das Kaufverhalten und die innere Einstellung der Konsumenten. Grundsätzlich ist die Mehrheit der Kunden Neuheiten gegenüber zunächst skeptisch eingestellt. Sie warten erst einmal ab, testen aus und springen dann auf den Zug auf, wenn sie einen echten Nutzenvorteil erfahren. Hier wird deutlich, dass der bloße Austausch von alten durch neue Technologien wenig Einfluss auf das Kaufverhalten hat, da sich durch diese Veränderung das Wertversprechen für den Kunden meist nicht grundlegend verbessert. Das wäre erst dann der Fall, wenn sich das komplette Ökosystem wandelt. Prominentes Beispiel dafür sind neue Hörgewohnheiten und der Konsum von Musik per Download durch Apples iTunes.

Ein anderes Ökosystem, dass sich in den vergangenen Jahren etabliert und den Markt der kleinen sowie mittleren Unternehmen durchdrungen hat, ist das Cloud Computing. Dabei handelt es sich um flexible und auf den eigenen Bedarf zugeschnittene Rechen- und Speicherkapazitäten und den Zugriff auf IT-Angebote wie etwa Textverarbeitungs- und Tabellenkalkulationsprogramme, Datenablage oder Buchhaltungssoftware, die kostenpflichtig über das Internet angeboten werden. Mit Hilfe des Cloud Computing können Firmen ohne eigene Serverkapazitäten Daten über das Internet speichern und abrufen. Viele Unternehmen arbeiten jedoch noch immer lieber im eigenen

Haus mit unterschiedlichen Programmen für die Kollaboration, Warenwirtschaft, die Fakturierung und das Rechnungswesen. Diese Software ist jedoch nicht nur teuer in der Anschaffung, sie verursacht auch hohe Kosten durch regelmäßige Wartungsverträge und eine umfassende Schulung der Mitarbeiter. Trotzdem sind viele Firmenchefs nicht bereit, flexiblere und preisgünstigere Cloud-Lösungen für diese Aufgaben zu nutzen, obwohl das Angebot jederzeit und überall per Browser online abgerufen werden kann. Das Cloud Computing hat seine Funktionsfähigkeit sowie seinen Nutzen längst unter Beweis gestellt und die frühen Interessenten überzeugt. Doch der Weg zur völligen Marktdurchdringung ist noch weit. Derzeit wird zwar ein immer größerer Teil der frühen Käufermehrheit auf die attraktiven Lösungen und deren Kostenersparnis im Unternehmensalltag aufmerksam. Um aber auch die späte Mehrheit der Interessenten zu erreichen, müssen die Anbieter des Cloud Computing ihre Produkte noch stärker auf die Bedürfnisse ihrer potenziellen Kunden zuschneiden.

ZUM FREIEN DENKEN ERZIEHEN

Gründer, die Innovation in diesem großen Zusammenhang verstehen, wissen, dass sie eine Startup-Kultur schaffen müssen, in der es keine Denkschablonen gibt. Die Krux unseres Bildungssystems ist, dass es die Menschen dazu erzieht, Wissen abzuspeichern und sich anzupassen. Ob in der Schule, im Studium oder Beruf, gewöhnlich hat derjenige Erfolg, der fleißig lernt, was von ihm verlangt wird. Selbstständig zu denken, neue Ideen zu entwickeln und zu vertreten, existierende Strukturen zu hinterfragen oder Gewohnheiten zu verändern, gehört nicht zu den Fähigkeiten, die jungen Menschen anerzogen werden. Sind sie einmal im Berufsleben angekommen, ist es aber genau das, was Firmenchefs und Personaler von ihnen verlangen: Kreativität zu entfalten, um innovativ zu handeln. Es muss daher vorrangigste Aufgabe jedes Gründers sein, ein Arbeitsumfeld für sein Team zu schaffen, das viel Raum für Kreativität in allen Prozessen ermöglicht. Zeit für zwanglosen Austausch und Reflexion im Team, mit Kunden und Geschäftspartnern ist dafür unerlässlich. Nur so wird es möglich, Probleme, Herausforderungen und gewohnte Abläufe aus einer ganz neuen Perspektive zu betrachten. Kreativität erfordert dann auch die Fähigkeit zu entscheiden, welche Ideen ernsthaft verfolgt werden sollten, und diese Gedanken so zu artikulieren, dass jeder sie versteht.

Innovative Unternehmen wie der australische Softwareentwickler Atlassian mit seinem Fedex-Day oder der US-Technologiekonzern 3M gewähren ihren Mitarbeitern seit Jahren Auszeiten von ihrer Arbeitszeit für eigene Projekte und kreative Ideen. Das Management dort hat erkannt, dass die Unternehmenskultur der entscheidende Faktor für Innovationen ist. Neues kann nur entstehen, wenn es eine Bereitschaft gibt, Fehler zu machen und Risiken einzugehen. Schon als Kind konnten wir nur Laufen lernen, wenn wir bereit waren, zu stürzen. So ist das mit jeder neuen Idee auch, was zahlreiche Studien unterstreichen. Ohne Fehler und damit verbundene Veränderungen findet keine Entwicklung statt. So gelangen die wenigsten Ideen zu Innovationen. Die meisten von diesen Entwicklungen werden wieder verworfen oder scheitern. Innovative Unternehmen beherrschen dagegen die Fähigkeit, neue Erkenntnisse und neues Wissen in Folgeprojekte zu integrieren. Ich habe selbst einmal an einem Projekt mitgewirkt, in dem wir erst scheitern mussten. Nur durch die dadurch gewonnenen Erfahrungen und das erworbene technische Wissen wurde die Fortsetzung ein Erfolg.

Eine Innovationskultur definiert sich nicht nur durch eine gelebte Fehlertoleranz. Sie erfordert vor allem das Vertrauen in das Potenzial jedes einzelnen Mitarbeiters, der sich idealerweise selbst mit anderen zu kleinen Projektteams zusammenschließt, um Ideen voranzutreiben. Ein kontinuierlicher Innovationsprozess hängt zudem davon ab, dass das Management die Belegschaft nach möglichst großer Vielfalt an Fähigkeiten zusammenstellt und jedem Einzelnen den Raum gewährt, seine Talente entfalten zu können. Innovationen verlangen keine homogenen Teams, sondern einen Mix aus den unterschiedlichsten Disziplinen. Logischerweise zieht das auch die Verpflichtung nach sich, offene und transparente Kommunikationsstrukturen zu etablieren. Wirklich innovative Unternehmen räumen darüber hinaus mit dem Führungsirrtum auf, dass finanzielle Anreize die Kreativität steigern. Bonuszahlungen führen zwar durchaus zu neuen Entwicklungen oder Produkten, allerdings nur in einem angepassten Rahmen. Meist handelt es sich dabei um Weiterentwicklungen bestehender Technologien und Angebote. Zu wirklich bahnbrechenden Innovationen motivieren finanzielle Anreize jedoch selten. Sie werden nur aus tiefster Überzeugung und mit Leidenschaft voran getrieben. Geld ist weder eine Garantie für die Entwicklung von Innovationen noch deren Umsetzung.

DIE KREATIVE KRAFT DER VERNETZUNG

Weitere effektive Bausteine einer Unternehmenskultur sind das Bezahlen nach Leistung statt nach Anwesenheit oder Position sowie Heim-Arbeitsplätze. Das Münchener KFZ-Leasing-Portal LeasingTime zum Beispiel ist eine rein virtuelle Firma, in der alle Mitarbeiter samt Geschäftsführung dank Internet von zu Hause aus arbeiten. Das stellt ganz neue Anforderungen an das Management, das zunehmend ein perfektes Zusammenspiel zwischen Menschen, Technologien und Arbeitsprozessen organisieren muss. Wer heute ein erfolgreiches Unternehmen aufbauen will, muss sich mit der Auswahl von geeigneten Kommunikations-Werkzeugen auseinandersetzen, ein Wissensmanagement einführen, Feedback-Umfragen zur Regel machen sowie Arbeitsabläufe und -ergebnisse laufend erfassen und auswerten. Die Vorteile sind vielfältig. Neben dem kreativen Potenzial stärkt dieses flexiblere Arbeiten die Motivation, macht weniger anfällig für Stress oder Krankheiten und fördert das Verantwortungsgefühl. Eine Kreativitätskultur heißt aber auch, sich konsequent mit harten Fakten und logischen Schlussfolgerungen auseinanderzusetzen. Genauso wird es angesichts der jederzeit abrufbaren Informationsvielfalt des Internets immer wichtiger zu wissen, welches Wissen überhaupt wettbewerbsrelevant ist und wo es entsteht. Konsequenterweise ist LeasingTime heute schon in Märkten von morgen aktiv. Obwohl der Gesamtmarkt des Online-Autohandels noch am Anfang steht, gehen sie jetzt schon einen Schritt weiter und investieren in neue Geschäftsfelder wie zum Beispiel Elektromobilität.

Unternehmen, die neues Wissen integrieren wollen, müssen vorausschauen und sich öffnen. Echte Innovationen lassen sich gerade in einer vernetzten Welt nicht durch Abschottung von der Außenwelt, Geheimniskrämerei und das ausschließliche Kreisen um die Einfälle der eigenen Belegschaft entwickeln. Wer wirklich Neues im Markt präsentieren will, muss seinen Innovationsprozess nach außen öffnen. Die Möglichkeiten sind dabei groß. So können Startups neue Ideen mit anderen Firmen – auch aus anderen Branchen – oder Organisationen gemeinsam entwickeln, Kunden in die Gestaltung einbeziehen oder eigene Technologien anderen zur Verfügung stellen. Für Gründer lohnen sich vor allem Partnerschaften mit Unternehmen aus der Industrie, da Projekte in dieser Zusammenarbeit oft gezielter vorangetrieben werden. Das gilt vor allem dann, wenn das Startup etwas zu bieten hat, was dem Unternehmen großen Nutzen bringt. Dennoch ist hier auch immer Vorsicht geboten. Größere Unternehmen können nämlich Startups durch ihre finanziellen Ansprüche leicht überfordern oder bewirken, dass Prioritäten falsch gesetzt werden. Auch wenn die Vorteile eines solch offenen Innovationsprozesses also hoch sind, verlangt eine erfolgreiche Umsetzung den Gründern enorme Kompetenz ab. Sie müssen genau abwägen können, welches Wissen sie preisgeben wollen und welche Informationen Dritter wichtig für das eigene Projekt sind, und sie müssen die Angst davor ablegen, etablierten Partnern auf Augenhöhe zu begegnen.

DIE ANALYSE DER INNOVATIONSFÄHIGKEIT

Eine ganzheitliche unternehmerische Innovationsfähigkeit lässt sich frühzeitig im Rahmen einer Belastbarkeitsprüfung umfassend bewerten. Dabei müssen die folgenden äußeren und inneren Faktoren beleuchtet werden:

Strategisch denken

Gegenstand dieser Analyse sind die Kernkompetenzen sowie die DNA des Startups wie Wertversprechen, Geschäftsmodell, Vision und Ziele. Sie werden in Bezug auf die Kriterien einer Innovationskultur geprüft. Ein wichtiger Punkt ist die Anforderung, alle Hauptaktivitäten mit unternehmenseigenen Ressourcen zu betreiben, um schnell auf Veränderungen zu reagieren und Risiken zu minimieren. Falls Aufgaben dennoch extern vergeben werden, ist eine enge, langfristige Bindung der Partner notwendig. Des Weiteren muss ein klares Verständnis der Gründer darüber herrschen, wie sich Umsatzströme gestalten lassen und welchen Mechanismen sie unterliegen. So ist es in einem zweiseitigen Geschäftsmodell, wie es beispielsweise Google betreibt, entscheidend, den Zusammenhang zwischen hoher Nutzerzahl und gezielten Werbemechanismen durch zahlende Werbekunden zu verstehen. Daraus ergibt sich auch der Fokus von Google auf kostenlose Services auf der einen und überlegener Datenanalyse für Werbekunden auf der anderen Seite.

Zielmärkte verstehen

Bei diesem Punkt geht es um die Beschreibung der Zielmärkte und möglicher Effekte durch die Übertragung von Wissen. Alle Unternehmensaktivitäten sollten auf die Zielmärkte ausgerichtet sein und Innovationspotenziale regelmäßig reflektiert werden.

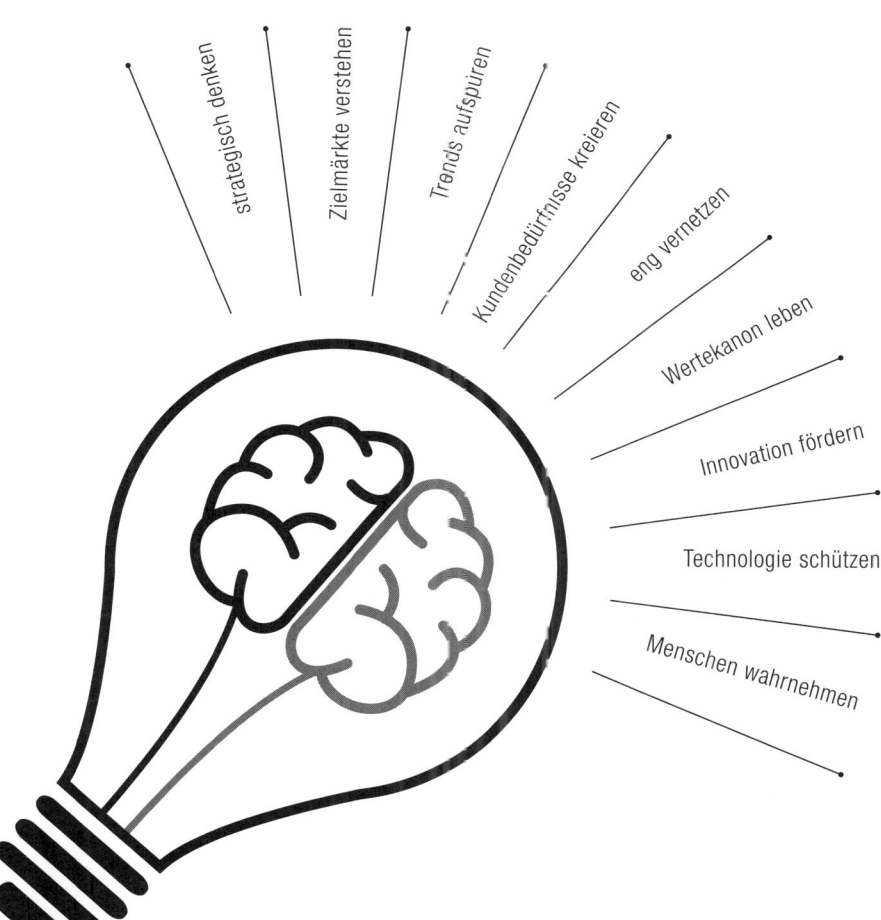

strategisch denken

Zielmärkte verstehen

Trends aufspüren

Kundenbedürfnisse kreieren

eng vernetzen

Wertekanon leben

Innovation fördern

Technologie schützen

Menschen wahrnehmen

INNOVATIONSFÄHIGKEIT

Insbesondere durch neue Preismodelle, welche die Eintrittsbarriere für Kunden senken und langfristig mehr Profit generieren, werden neue Umsatzmärkte erschlossen. Eine weiteres Marktpotenzial sind Kostenvorteile, die häufig durch Verbesserungen der Wertschöpfungskette entstehen. Die Kostenstruktur sollte generell variabel konzipiert sein, um auf veränderte Marktbedingungen schnell reagieren zu können.

Trends aufspüren

Hier wird beleuchtet, wie die internen Kommunikationsstrukturen gesellschaftliche, technische und wirtschaftliche Trends aufgreifen und in die Entwicklung innovativer Ideen integrieren. Eine wichtige Frage dabei ist, wie etwa Lieferanten, wissenschaftliche Organisationen oder industrielle Partner in diesen Prozess einbezogen werden. Gerade Unternehmen, die disruptive Produkte auf den Markt bringen wollen, müssen Trends aus der Umwelt schnell und zielgerichtet sowie gewinnbringend umsetzen.

Kundenbedürfnisse kreieren

Im Mittelpunkt dieses Aspektes steht das Wertversprechen an den Kunden in Bezug auf das bestehende und geplante Leistungsangebot. Veränderungen im Leistungsportfolio erzeugen nicht nur ein neues Wertversprechen und damit neue Kundenbedürfnisse. Sie führen auch zu weiteren Innovationen. Um laufend innovationsfähig zu sein, ist es daher wichtig, zu untersuchen, woher der Anstoß für neue Produkte kommt. Wird ein neues Leistungsangebot eher durch die interne Forschung oder durch äußere Impulse initiiert?

Eng vernetzen

Die Innovationsfähigkeit wird zu einem erheblichen Teil von den Beziehungen eines Unternehmens zur Außenwelt geprägt. Dazu zählen Partner, Communities, Lieferanten, Kunden, Lead-User, Wettbewerber, Aktivitäten oder Kooperationen mit wissenschaftlichen und wirtschaftlichen Organisationen. Gerade Letztere sind zu Beginn eines Startup-Prozesses wichtig, um sich notwendiges Wissen anzueignen und neue Technologien zu testen. Netzwerke sind der Schlüssel, um Innovationen erfolgreich zu gestalten. Eine enge Einbindung der Lieferanten und deren Beteiligung in der Produktentwicklung führt etwa zur Senkung von Produktionskosten und erhöht das Innovationspotenzial.

Wertekanon leben

Dieser Unterpunkt befasst sich mit den gemeinsamen Wertvorstellungen des Startups und ihrer Umsetzung in den Geschäftsprozessen. Die aufgestellten Werte, Verhaltensregeln und Normen sollten allen Mitarbeitern verständlich sein. Zudem sollte regelmäßig reflektiert werden, ob der Wertekanon im Unternehmen tatsächlich gelebt wird.

Innovation fördern

Alle wichtigen Abläufe sollten nicht nur übersichtlich dargestellt sein. Startups, die sich langfristig durch neue Einfälle auszeichnen, verfügen über gezielte Prozesse wie Ideenmanagement und Produktentwicklung rund um das Thema »Innovation im Netzwerk«. Viele Ideen entstehen in den sogenannten Flurgesprächen. Deshalb ist es wichtig, entsprechende Arbeitsstrukturen mit nur so viel Kontrolle wie nötig zu etablieren und die Zusammenarbeit vieler verschiedener Abteilungen zu ermöglichen, um den Austausch über neue Entwicklungen zu fördern. Nur so lässt sich Kreativität entfalten. Anhand eines kontinuierlichen Controllings ist der Erfolg dieser Innovationsprozesse jederzeit messbar.

Technologien schützen

Entscheidend für den Erfolg der Innovationsfähigkeit sind die Qualität der entwickelten technologischen Lösungen und deren Absicherung in Form von Patenten oder Schutzrechten. Der Ablauf und Stand dieser Prozesse sowie deren Verantwortlichkeiten werden hier genau unter die Lupe genommen.

Menschen wahrnehmen

Im Mittelpunkt jeder Innovation stehen letztlich die Menschen, die sie vorantreiben und das Wissen, über das sie verfügen. Aus diesem Grund wird in dieser Analyse die Funktion des Netzwerks für das Innovationsstreben geprüft. Des Weiteren werden aktive Schnittstellen identifiziert, die die Netzwerkkommunikation positiv beeinflussen. Ein wichtiger Punkt der Prüfung ist zudem, ob alle Verantwortlichkeiten im Innovationsprozess klar definiert sind.

TAKE AWAYS

*Eine echte Innovation ist mehr als eine technische Entwicklung.
Sie umfasst ein entsprechendes Geschäftsmodell,
Verständnis für die Kundenbedürfnisse, Wissen um die
Ansätze der Konkurrenz und die Spielregeln des Zielmarktes,
eine Vermarktungsstrategie sowie Kenntnisse des
politischen Systems.*

~

Innovative Unternehmen kreieren ganz neue Ökosysteme.

~

*Das Entwickeln von Innovationen erfordert eine Kultur,
die viel Raum zum Experimentieren bietet und in der keine
Denkschablonen existieren.*

~

*Ein Geschäft kann sich nur dann kontinuierlich
erneuern, wenn das Management offen ist für die Talentvielfalt
seiner Mitarbeiter und die branchenübergreifende Zusammenarbeit mit anderen Unternehmen und Organisationen.*

~

Innovationsfähigkeit verlangt Fehlertoleranz.

~

Finanzielle Anreize fördern die Kreativität nicht.

MÄRKTE
revolutionieren

6

6 MÄRKTE REVOLUTIONIEREN

Um die bestehende Konkurrenz herauszufordern, benötigen Startups disruptive Innovationen, die den Markt auf den Kopf stellen. Dafür müssen die Unternehmer bereit für Risiken sein, für genügend finanzielle Mittel sorgen und dürfen sich nicht am Mainstream orientieren.

Das Markenzeichen erfolgreicher Gründer ist ihre Begeisterung dafür, bestehende Verhältnisse auf den Kopf zu stellen. Das erfordert nicht nur Ausdauer und Mut. Es braucht vor allem den Willen, sich unzähligen Widerständen immer wieder auszusetzen. Denn eines muss jedem Gründer klar sein: Wer sich auf das Abenteuer Startup einlässt, fordert bestehende Unternehmen heraus, die über mehr Ressourcen, liquides Kapital, bewährte Kundenbeziehungen, etablierte Partnerschaften sowie umfassendes Fachwissen verfügen und auf bereits am Markt etablierte Geschäftsprozesse zurückgreifen können. Diesen Wettbewerb mit ungleichen Voraussetzungen kann ein Startup nur gewinnen, wenn es ein hohes Disruptionspotenzial aufweist.

Was verbirgt sich aber hinter diesem sperrigen Begriff? Das Wort »Disruption« stammt aus dem Englischen und bedeutet Störung oder Zusammenbruch. In Bezug auf wirtschaftliche Prozesse bezeichnet das Disruptionspotenzial daher die Fähigkeit, neue Technologien und Produktinnovationen zu entwickeln, die einen Markt revolutionieren. Das heißt, mit Hilfe einer neuen Technologie oder eines neuen Verfahrens werden bestehende Produkte oder Dienstleistungen verdrängt. Allerdings erfordert diese Durchdringung des Marktes Zeit und Geld.

Produkte, die auf der Basis disruptiver Technologien entstehen, können anfangs meist nicht mit der Zuverlässigkeit oder den Leistungsmöglichkeiten etablierter Angebote konkurrieren. Man denke nur an die anfänglich geringere Bildauflösung der Digitalfotografie. Dafür bieten disruptive Innovationen von Beginn an zahlreiche andere Qualitäten, die vor allem risikofreudige Kunden anziehen, die für ihre individuellen Bedürfnisse Angebote suchen. Diese Kundengruppe, die rund 2,5 Prozent aller Käufer umfasst, verfügt über die nötigen finanziellen Mittel, Neues auszuprobieren. So schätzt sie es, dass disruptive Innovationen oft günstiger, weniger komplex konzipiert und leichter zu bedienen sind.

Da disruptive Innovationen also meist nur eine kleine Gruppe von Kunden ansprechen, sind sie prädestiniert für das Schaffen neuer Märkte und den Eintritt von Startups in bestehende Wettbewerbsfelder. Denn wenn die neuen Angebote erst einmal die Gruppe der Innovatoren überzeugen, ziehen sie auch schnell die Käuferschicht der Early Adopters *(der frühen Interessenten)* an, die für den langfristigen Erfolg so wichtig ist. Diese Gruppe der in Bezug auf Innovationen eher wählerischen Kunden umfasst rund 13,5 Prozent aller Käufer und ist ein Schlüsselfaktor, wenn es darum geht, die breite Masse an Konsumenten zu gewinnen. Setzt sich eine disruptive Technologie schließlich auch im Mainstream durch, verändert sie automatisch das gesamte Kundenverhalten und die Geschäftsmodelle ganzer Branchen und Märkte.

DISRUPTIVE VERSUS EVOLUTIONÄRE INNOVATION

Damit unterscheiden sich disruptive Innovationen fundamental von evolutionären Entwicklungen, die das Geschäft der meisten etablierten Unternehmen prägen. Bei letzteren handelt es sich ausschließlich um Verbesserungen bestehender Produkte in puncto Leistungsfähigkeit, Qualität und Preis. Beispiele hierfür sind die steigende Speicherkapazität von Computern oder die bessere Sicherheit von Autos. Disruptionen dagegen brechen mit Bestehendem. Wie ein Erdbeben werfen sie alles über den Haufen. Das erleben etwa Musiklabels wie Sony oder EMI seit nahezu drei Jahrzehnten schmerzlich. Zum ersten Mal wurde ihr Geschäft herausgefordert, als die CD – und damit eine leichtere Kopierbarkeit von Musik – die Schallplatte ablöste. Inzwischen ist auch die CD dabei, vom Markt zu verschwinden, weil das MP3-Format und die damit verbundene Möglichkeit, Musik aus dem Internet herunterzuladen, die Hör- und Kaufgewohnheiten der Konsumenten vollständig revolutioniert.

Die Kombination aus bahnbrechender Technologie und innovativem Geschäftsmodell hat gerade hier völlig neue Bedürfnisse geschaffen und befriedigt. So ermöglich das Herunterladen von Musik eine individuelle Auswahl an Lieblingstiteln. Beim Kauf einer CD muss der Kunde dagegen ein Gesamtpaket erwerben, das immer auch unerwünschte Lieder enthält. Die wirkliche Revolution ist jedoch die ständige Verfügbarkeit. Durch das MP3-Format sowie entsprechende Bandbreiten- und Downloadmöglichkeiten auf jedem Endgerät wie PC oder Handy ist Musik nun jederzeit und überall erhältlich. Es war daher nur eine Frage der Zeit, bis sogenannte Musikstreaming-Dienste wie

Spotify auf dem Markt erscheinen und etwa Abo-Angebote für den Musikgenuss etablieren würden. Die Auswirkungen machten aber auch vor anderen Branchen nicht halt. So beweisen die Telekom und das bei jungen Menschen sehr beliebte Spotify längst, wie fruchtbar eine Partnerschaft zwischen etabliertem Unternehmen und Startup funktionieren kann. Um vor allem junge Kunden bis 25 Jahre für Erstverträge zu gewinnen, bietet die Telekom dieser Zielgruppe inzwischen ein kostenloses Spotify-Abo.

Wie sehr disruptive Technologien Märkte in Bewegung bringen, obwohl sie noch nicht unbedingt tauglich für eine Massennachfrage sind, zeigt auch das Beispiel des Elektroautoherstellers Tesla Motors. Sowohl die Erfolge als auch die Misserfolge des Unternehmens veranlassen die Konkurrenz zu heftigen Reaktionen. So waren drei Brände in Testfahrzeugen, bei denen niemand verletzt wurde, für die klassischen Hersteller ein gefundenes Fressen, um in der Öffentlichkeit massiv Kritik an Tesla zu üben. Wirklich glaubwürdig war das allerdings nicht. Denn damit lenkten die Autobauer nur von den eigenen, von der Kundschaft oft unbemerkten Konstruktionsmängeln ab. Andererseits setzt Tesla die etablierte Branche und das gesamte Händlernetzwerk unter Zugzwang, weil die eigene Technologie und der Aufbau eines Netzwerks von Ladestationen auch in Deutschland längst viel mehr als nur eine Absichtserklärung ist. Der Schritt zu einer Elektromobilität ist in vollem Gange. So hat Tesla nicht nur seine Patente freigegeben, um die Verbreitung von Elektroautos zu fördern. Das Unternehmen prüft sogar eine Kooperation mit dem deutschen Hersteller BMW.

FATALES SICHERHEITSDENKEN

In meiner Beratungstätigkeit erschreckt und überrascht es mich immer wieder, dass Gründer, obwohl sie die Bedeutung von disruptiven Technologien grundsätzlich erkennen, ihr Startup nicht darauf ausrichten. Stattdessen herrscht ein Sicherheitsdenken vor, das lieber bestehende Leistungsangebote weiterentwickelt, als völlig neue Wege zu gehen. Selbst disruptive Technologien, die sich noch im Anfangsstadium ihres Wachstums befinden, werden von Startups nur selten für das eigene Geschäft genutzt – obwohl sie dadurch die Zukunftschancen ihrer eigenen Innovationen deutlich erhöhen würden. Da ist zum Beispiel der Software-Tüftler, der in der Kaffeepause die neuesten Urlaubsfotos in der Dropbox und im iCloud-Stream anschaut, sich jedoch weigert, sein eigenes Geschäftsmodell als Cloud-Dienst anzubieten. Die Kunden wären ja noch nicht so weit, lautet seine Einstellung. Mit dieser Haltung wird jedoch kaum ein Gründer die etablierte Konkurrenz herausfordern können.

Aus meiner Beobachtung unterlaufen Gründern im Umgang mit ihrem Disruptionspotenzial grundsätzlich sechs gravierende Startup-Fehler. Diese lassen sich sowohl in ökonomische als auch psychologische Verhaltensweisen unterteilen.

ÖKONOMISCHE DISRUPTIONSFEHLER

1. Starrer Fokus auf Zahlen. Egal, ob Gründer als Hochschulabsolventen, Handwerksmeister oder ohne Ausbildung eine gute Idee verfolgen, es wird ihnen an Schulen, von den Medien und in Seminaren immer wieder eingetrichtert, dass vor allem der

Blick für die Zahlen wichtig sei. Das Ziel eines Unternehmens müsse es sein, Gewinne zu maximieren und Kosten zu minimieren. Grundsätzlich ist das auch nicht falsch. Nur, wer sich zu sehr darauf fixiert, verliert sein Disruptionspotenzial und seine Flexibilität. Denn neue Entwicklungen produzieren zunächst hauptsächlich Kosten und werfen keine Gewinne ab.

2. Zu wenig finanzielle Mittel. Wer Märkte revolutionieren will, muss Geld in die Hand nehmen. Ohne finanzielle Mittel lassen sich keine disruptiven Innovationen entwickeln. Viele Startups sind aber notorisch unterfinanziert. Einerseits liegt das daran, dass sie zu sehr mit sich selbst und ihrer Idee beschäftigt sind. Andererseits beherrschen viele Gründer nicht die Fähigkeit, auf Investoren zuzugehen und diese von ihrem Projekt zu überzeugen. Mit den richtigen Partnern ließe sich das schon zu Beginn des Gründungsprojekts vermeiden.

3. Orientierung am Mainstreamkunden. Es scheint verständlich, wenn Gründer sich im Streben nach einem erfolgreichen Markteinstieg an den allgemeinen Wünschen der Konsumenten ausrichten. Doch zu leicht bauen sie ihr Startup damit auf kopierten Leistungsangeboten und kleinen technologischen Veränderungen auf. Dauerhafter Erfolg, wenn überhaupt, ist damit nicht zu erzielen. Disruptive Innovationen dagegen entfalten ihr Potenzial zunächst in unprofitablen oder kleinen Kundengruppen.

4. Kurzfristige Leistungsanreize. Ein Fehler, der auch etablierte Unternehmen schmerzlich verfolgt. Im Bemühen, das eigene

Team auf die gemeinsame Strategie einzuschwören, setzen Gründer oft die verkehrten Anreize. So werden häufig Umsatz- oder Gewinnziele angestrebt, die kurzfristig erreicht werden sollen. Doch ein Unternehmen aufzubauen, ist gleichbedeutend mit einem Marathon, nicht mit einem Sprint. Disruptive Innovationen erfordern daher immer Ausdauer und eine langfristige Ausrichtung.

PSYCHOLOGISCHE DISRUPTIONSFEHLER

1. Das Festhalten an alten Verhaltensmustern. Eine Herausforderung, vor der alle Menschen stehen. Gründer allerdings trifft diese menschliche Neigung besonders hart. Zwar kann das Festhalten an bewährten Verhaltensmustern sinnvoll sein, etwa dann, wenn es Entscheidungen und Prozesse in einem bekannten Rahmen beschleunigt. Doch in der Umsetzung von disruptiven Innovationen ist dieser menschliche Zug hinderlich. Denn radikal neue technologische Entwicklungen oder Geschäftsmodelle erfordern immer eine völlig neue Denk- und Handlungsweise, wenn sie erfolgreich sein sollen. Sie lassen sich nur umsetzen, wenn Gründer vor allem sich selbst und ihr Verhalten in Frage stellen.

2. Das Mitlaufen mit der Masse. Menschen streben nach Sicherheit. Das verführt sie immer wieder dazu, sich an herrschende Trends, Entwicklungen oder Meinungen anzupassen. Wer jedoch etwas wirklich Innovatives kreieren will, muss eigene Wege ohne doppelten Boden und Sicherheitsnetz gehen. Nur solche

Gründer vertrauen auf sich selbst und haben ein Gespür für das Potenzial in Märkten. Entscheidend für ihren Erfolg ist jedoch, dass sie mit der allgegenwärtigen Unsicherheit leben können und daraus sogar ihre Motivation beziehen, weiterzugehen.

DIE MACHT DES TECHNOLOGIESPRUNGS

Gerade in den Technologiemärkten kann das mangelnde Bewusstsein für diese Fehler bereits von Anfang an das Scheitern eines durchaus vielversprechenden Startup-Projekts bedeuten. Wer die Branchen aufmerksam verfolgt, den wird der Wandel, der sich dort im Augenblick entfaltet, nicht unberührt lassen. Die Unternehmen sind erwachsen geworden. Wie im klassischen produzierenden Gewerbe vollziehen sie gerade eine zunehmende Industrialisierung und Standardisierung, ausgelöst nicht zuletzt durch disruptive Technologien.

Die Veränderungen der Technologie-Branchen durchlaufen dabei den gleichen Lebenszyklus, wie ihn auch andere Sektoren oder einzelne Technologien in der Vergangenheit erlebten. Grundsätzliches Charakteristikum einer Produkt- oder Technologie-Entwicklung ist dabei eine S-Kurve. Sie gibt die Reifung oder die Leistungsqualität eines Produkts oder einer Technologie im Zeitverlauf an. Dabei ist mit zunehmendem Entwicklungsaufwand zunächst nur ein leichter Anstieg der Produktleistung zu verzeichnen, bis ab einem gewissen Punkt die S-Kurve steil nach oben verläuft. Erst am Ende des Zyklus flacht die Kurve wieder ab, wenn die zunehmende Entwicklung von keinen zusätzlichen Produktivitätsfortschritten begleitet ist. Das ist genau der Zeitpunkt, ab dem ein Technologiesprung stattfindet und eine neue S-Kurve die Entwicklung übernimmt.

Wie die S-Kurve Märkte prägt, lässt sich beispielhaft an der Informationstechnologie illustrieren. Ausgangspunkt der IT-Entwicklung waren die Großrechner. Sie ermöglichten ab den 50er Jahren des 20. Jahrhunderts große Rechenleistungen in zentralen Anlagen. Mehr Flexibilität in puncto Rechenkapazität wurde mit der nächsten S-Kurve, der Entwicklung des Personal Computers in den 80er Jahren möglich. Jetzt konnten mit einem Mal viele Endanwender auf die Rechenleistungen im Rahmen eines räumlich gebundenen Client-Server-Konzeptes dezentral zugreifen. Viele Aufgaben, wie etwa die Büroorganisation, wurden dadurch revolutioniert.

Der nächste Sprung war die Entwicklung des Internets in den 90er Jahren. Durch die globale Vernetzung konnten nun Server und deren Rechenleistungen vom Anwender räumlich getrennt werden. Der Zugriff auf Daten und Informationen erfordert seitdem nur noch ein Endgerät und eine Leitungsverbindung ins Internet. Die globale Vernetzung löste um die Jahrtausendwende eine weitere Entwicklung aus, die unter dem Stichwort »Web 2.0« bekannt ist. Der Begriff umschreibt eine stärkere Service-Orientierung des Internets. Im Zuge dieser Entwicklung entstanden ganz neue Unternehmenskonzepte und Geschäftsmodelle wie der Online-Einkauf. Zudem war dieser Technologiesprung treibende Kraft für die Startup-Szene in Berlin.

Die aktuelle S-Kurve ist durch eine zunehmende Mobilität geprägt. Sie wurde vor allem durch die Entwicklung neuer

Endgeräte wie das Tablet oder das Smartphone in Gang gesetzt. Seitdem verschmelzen Geschäfts- und Privatwelt zunehmend. Denn die Anwender können nun auf Internetinformationen, E-Mails, Termine, Adressen oder Arbeitsprojekte jederzeit und überall von jedem Endgerät aus zugreifen. Durch das Cloud Computing lassen sich zudem IT-Services wie Projektmanagementsoftware direkt über das Internet nutzen. Damit aber noch nicht genug. Es entstehen völlig neue Unternehmensformen. Waren die IT-Firmen der ersten Stunde noch an ein Gebäude gebunden, sind heutige Startups wie LeasingTime effektiv, wenn sie vollständig virtuell organisiert sind und ihre Mitarbeiter überall in der Welt von zu Hause aus arbeiten. Dank des Internets, sozialer Netzwerke und Firmen wie Skype oder Basecamp ist Kommunikation kaum noch ein Kostenfaktor, und räumliche Entfernung spielt keine Rolle mehr für ein erfolgreiches Geschäft. Die damit verbundenen Kosteneinsparpotenziale sowie die gewonnene Flexibilität sind enorm. Meetings, Konferenzen und Geschäftsreisen werden weitestgehend überflüssig. Abstimmungen oder Entscheidungen können blitzschnell erfolgen, und Wissen lässt sich leicht online erweitern.

Doch damit ist die IT-Entwicklung längst nicht am Ende. Die nächste disruptive Innovation steht schon in den Startlöchern: der 3-D-Drucker. Diese digital gesteuerten Geräte verwenden Materialien wie Kunststoff oder Metall, um dreidimensionale Werkstücke zu fertigen. Dass das längst keine Zukunftsfantasie mehr ist, zeigen jüngste Projekte wie der angelaufene Bau des ersten 3-D-Druck-Hauses in Amsterdam. Die Möglichkeiten des 3-D-Drucks sind allerdings noch viel umfassender. So wird die neue Technik bereits dazu eingesetzt, Zellgewebe für Organe zu produzieren. Was nach Science Fiction klingt, ist heute schon Alltag in vielen medizinischen Forschungslabors. Mit Hilfe von umfunktionierten Tintenstrahldruckern und selbstgezüchteten Zellen lassen die Wissenschaftler Schicht für Schicht Gewebe entstehen. So hat die kalifornische Firma Organovo in 2013 eine Leber gedruckt, und Wissenschaftler der Hangzhou-Dianzi-Universität präsentierten eine Mini-Niere und Knorpelgewebe für ein Ohr. Noch steht die Verschmelzung der digitalen Welt mit der Biotechnologie allerdings am Anfang. Denn noch sind die Zellgewebeproben nicht so funktionsfähig, als dass sie in Menschen transplantiert werden könnten. Doch die ersten Ergebnisse nähren den Optimismus, dass die disruptive Technologie eines Tages einen bedeutenden Beitrag zur Heilung von Krankheiten liefern wird. Zudem bietet sie das Potenzial, um dem weltweiten illegalen Handel mit Organen das Handwerk zu legen.

ANSATZPUNKTE DISRUPTIVER INNOVATIONEN

Um ihr Disruptionspotenzial zu entwickeln, stehen Startups grundsätzlich drei Möglichkeiten offen:

1. Neue Bedürfnisse schaffen. Radikal innovative Geschäftsmodelle verändern automatisch das Kundenverhalten. Viel wichtiger aber noch, sie schaffen auch ganze neue Bedürfnisse oder bedienen unbekannte Wünsche der Kunden. Bestes Beispiel dafür sind die Online-Anbieter etwa im Buchhandel. Während der klassische Buchladen vor allem Beratung und unmittelbares Leseerlebnis in Kaffeehausatmosphäre bietet, bedienen Online-Anbieter wie Amazon das Bedürfnis nach schnellem sowie bequemem Ordern vom Computer aus, egal, an welchem Ort sich der Kunde gerade befindet.

2. Die Wertschöpfung revolutionieren. Ausgangspunkt einer disruptiven Innovation können neben dem Leistungsangebot auch die Prozesse sein, mit denen ein Unternehmen Umsatz erwirtschaftet. Wie effektiv das sein kann, hat wohl fast jeder Konsument schon einmal bei einem IKEA-Einkauf erlebt. Weil die Schweden den Transport und den Aufbau der Möbel den Kunden übertragen haben, können sie nicht nur günstigere Produkte anbieten. Die Kostenersparnisse etwa in der Lagerstruktur ermöglichen dem Möbelhersteller zudem, Produktneuheiten in kürzeren Abständen in den Markt zu bringen. Im Hightech-Bereich ist, wie schon erwähnt, der Elektroautohersteller Tesla derzeit das Beispiel schlechthin für eine disruptive Innovation in der Wertschöpfung. Ein weiteres Beispiel ist die schnell wachsende Generation sogenannter virtueller Biotech-Startups. Sie lagern Verwaltungskosten sowie Labortätigkeiten aus und bringen neue Medikamente nur noch mit ein bis zwei Partnern auf den Markt.

3. Ungewöhnliche Einnahmequellen entwickeln. Der dritte Ansatzpunkt für Gründer ist die Art, wie sie ihr Geld verdienen. Vorbild kann dabei der amerikanische Suchmaschinenspezialist Google sein. Im Gegensatz zu Microsoft und seiner Software

Office legt es das Unternehmen nicht darauf an, mit seiner vergleichbaren Entwicklung, den Google Docs, Umsatz und Gewinne zu erzielen. Stattdessen lockt Google Kunden mit dem Gratisangebot seines Softwarepakets. Den Umfang dieser Kontakte vermarktet Google dann in seinem profitablen Geschäft mit Werbekunden.

Wer diese Möglichkeiten, das eigene Disruptionspotenzial zu gestalten, ausschöpfen möchte, sollte dabei noch einige allgemeine strategische Grundsätze beachten. Startups werden umso schneller Erfolge verzeichnen, je länger sie unbemerkt von der etablierten Konkurrenz agieren und diese auch nicht aktiv herausfordern. Sie sollten Leistungsangebote entwickeln, die nicht mit den gängigen Kriterien bewertet werden können, sondern neue Standards erfordern. Zusätzlich sollten Gründer ihre Aufmerksamkeit zunächst auf Kundengruppen richten, die nicht zu den starken Umsatzträgern zählen, aber verlässliche Aussagen über die Akzeptanz disruptiver Innovationen zulassen. Den Stand und die Stärke ihres eigenen Disruptionspotenzials können Gründer zudem anhand der folgenden Kriterien laufend überprüfen.

DIE ANALYSE DES DISRUPTIONSPOTENZIALS

Im Gegensatz zum Wertversprechen und dem Geschäftsmodell bewegt sich die Einschätzung des Disruptionspotenzials auf spekulativem Terrain. Denn ob ein Startup die Fähigkeit besitzt, Märkte oder Branchen zu revolutionieren, hängt zunächst aus-

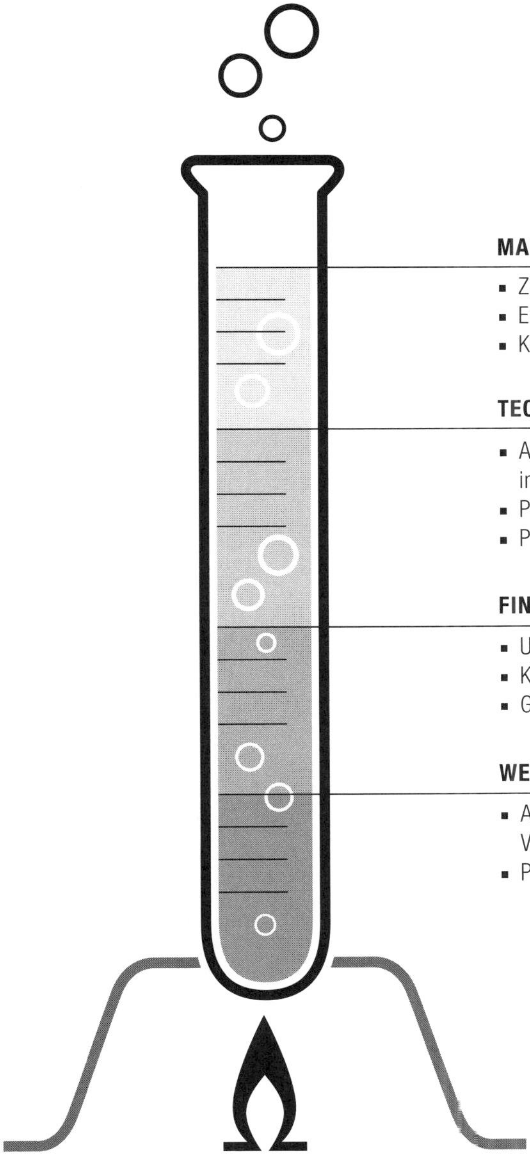

MARKT & KUNDEN

- Zielgruppen
- Erwartungen (Produkt, Service, Hybrid)
- Kundenbeziehungen

TECHNOLOGIE

- Anwendung/Übertragung
  in andere Bereiche
- Produktion der Technologie
- Patent/Schutzsituation

FINANZEN

- Umsätze
- Kostenstrukturen
- Gewinnmargen

WERTSCHÖPFUNGSKETTE

- Aufbau der WSK/Anzahl und
  Value-Add der Stationen
- Partner: Forschung, Produktion, Sales …

DISRUPTIVITÄT
Hypothesen-Modell

schließlich von subjektiven Annahmen und Interpretationen ab. Hier die wichtigsten Hypothesen, die ein Startup aufstellen muss, im Überblick:

Marktverständnis

Im ersten Schritt muss festgestellt werden, ob die Gründer die Funktionsweise ihres Zielmarktes verstehen und Vorstellungen haben, wie bestehende Strategien ausgehebelt werden können. Wichtig ist dabei die Kenntnis der Stufen eines Markteintritts. Nicht nur das Produkt selbst entscheidet über Erfolg oder Misserfolg, sondern der Zeitpunkt, zu dem es in den Markt gebracht wird. Oft sind gerade die Märkte interessant, die wir sonst nicht in Betracht ziehen. Grundlage dieses Wissens sind umfassende Marktanalysen.

Kenntnis der finanziellen Situation

Hierfür müssen die Gründer sich intensiv mit den Preismodellen, den Kostenstrukturen, den Gewinnmargen und den Umsatzzahlen der Konkurrenz auseinandersetzen. Die Ergebnisse bilden die Basis ihrer eigenen Hypothesen und ihres Geschäftsmodells.

Zielgruppendefinition

Ohne klares Verständnis darüber, wer überhaupt die Kunden sein könnten und welche Erwartungen sie an Produkte und Dienstleistungen stellen, taugt keine Startup-Idee. Anhand entsprechender Studien müssen die Gründer daher ihre potenzielle Kundschaft genau ausloten und definieren. Vor allem müssen sie sich ein umfassendes Bild darüber machen, ob die Kunden ein ganz neues Leistungsangebot wünschen oder einen hybriden Verbund aus Produkt und Dienstleistung bevorzugen. Darüber hinaus ist eine detaillierte Analyse der im Markt gängigen Kundenbeziehungen erforderlich. Diese sollten dann mit dem eigenen Geschäftsmodellkonzept verglichen werden. Will ein Startup gänzlich neue Wege gehen, sollte es diese Strategie genau begründen können.

Technologiedurchblick

Die Gründer benötigen von Anfang an das Know-how über die aktuellen technologischen Entwicklungen in ihrem Zielmarkt. Was ist State of the Art, an welchen Innovationen wird geforscht und welche Querschnitttechnologien sind relevant? Zudem sollte bekannt sein, welche Fertigungsarten und -standorte die eigene Forschung unterstützen können. Nur mit diesem Wissen kann ein Startup seine eigenen innovativen Entwicklungen für einen erfolgreichen Markteintritt optimieren.

Geschäftsmodellvergleich

Viele Wege führen zum Erfolg. So ist die Konkurrenz immer mit einer Vielzahl unterschiedlicher Geschäftsmodelle am Start, die zu starken Wettbewerbspositionen führen können. Startups, die einen Markt auf den Kopf stellen wollen, müssen diese verschiedenen Wertschöpfungsketten haargenau durchleuchtet haben. Nur so können sie sich von der Konkurrenz abheben und Prozesse, Produkte oder Dienstleistungen besser machen. Wichtige Abläufe wie die Wahl geeigneter Distributionswege, das Gestalten der Marketingstrategie sowie die Zusammenarbeit mit passenden Zulieferern oder unterstützenden Partnern aus Wissenschaft und Industrie lassen sich erst mit diesem Know-how festlegen.

REVOLUTION IN DER FINANZWELT

Wie disruptive Innovationen einen Markt umkrempeln können, zeigt das folgende Beispiel der Bankenwelt. Die globale Finanzkrise hat das Vertrauen der Menschen in die Finanzinstitute schwer erschüttert. Damit ist der Boden bereitet, um das Bankgeschäft zu revolutionieren. Hauptansatzpunkt für disruptive Innovationen ist dabei das Privatkundengeschäft mit seinen Themen »Wertschöpfungskette«, »Technologie«, »Kundenerwartungen« sowie »Finanzstrukturen«. Hier tummeln sich seit 2008 eine Reihe vielversprechender sogenannter kreativer Fintech-Startups, die die bestehenden Spielregeln des Marktes in Frage stellen und mit ihren innovativen Produktentwicklungen jetzt ihre Reife erlangen.

Diese jungen und schlanken Unternehmen haben das Potenzial, den etablierten Banken Geschäftsfelder streitig zu machen und selbst den Sprung zum Finanzanbieter zu schaffen. Für die Banken ist das eine gefährliche Entwicklung. Verlieren sie den direkten Zugang zu den Privatkunden und agieren sie nur noch als abwickelndes Backoffice, geht ihnen viel wirtschaftlicher Handlungsspielraum verloren. Viel Zeit zu handeln dürfen sie allerdings nicht mehr verstreichen lassen. Denn die aktuellen disruptiven Innovationen in der Finanztechnologie stellen bereits die gewohnten Annahmen des Marktes fundamental in Frage.

TRANSPARENTE GELDGESCHÄFTE

Zur klassischen Aufgabe der Banken zählt die Kreditvergabe. In diesem Geschäft werden die deutschen Finanzinstitute gleich von zwei Seiten herausgefordert. Das Düsseldorfer Startup Auxmoney und ihre Hamburger Kollegen von Kreditech haben ganz neue Formen entwickelt, wie Privatkunden sich finanzieren können. Traditionell setzen die Banken in diesem Geschäft auf eine hohe Kapitalsicherung sowie eine breite Risikostreuung. Ihren Gewinn machen die Geldinstitute dabei vor allem über die Gebühren und die Intransparenz der Prozesse. So geben sie etwa hohe Zinseinnahmen nicht automatisch an die Anleger weiter. Mit dieser Intransparenz machen die beiden Startups nun Schluss.

Genau wie die Banken betreibt auch Auxmoney ein zweiseitiges Geschäftsmodell. Kreditnachfragern, die einen Finanzierungsbedarf haben, stehen Anleger gegenüber, die mit ihrem Vermögen Zinseinnahmen verdienen wollen. Anders als bei den Banken, haben die privaten Anleger bei Auxmoney allerdings viel mehr Einfluss darauf, was mit ihrem Geld passiert. Einerseits erhalten sie umfassende Informationen, wie hoch die Zinseinnahmen der einzelnen Kredite sind. Andererseits entscheiden sie selbst, welche Kredite sie vergeben und damit, welches Risiko sie mit ihrem Investment eingehen wollen. Das Vertrauen der Anleger gewinnt Auxmoney zudem durch zusätzliche Absicherungsmechanismen und verschiedene Zertifizierungen. Den Kreditnachfragern eröffnet dieser transparente Finanzierungsprozess eine ganz neue Möglichkeit, Kapital zu erhalten, ohne als Bittsteller bei den Banken aufzutreten.

Kreditech räumt dagegen mit einer weiteren Bankenpraxis auf. Die Hamburger beweisen, dass die Kreditvergabe sogar in wenigen Sekunden ohne aufwendigen Prozess erfolgen kann. Voraussetzung dafür ist die Automatisierung der Bonitätsprüfung, was dem Startup gelang. In den »Emerging Markets« übernimmt Kreditech völlig automatisiert anhand von 10.000 Datenpunkten quasi die Aufgaben der Schufa in Deutschland. Gleichzeitig vergibt das junge Unternehmen dort Mikrokredite, die den Nachfragern in kürzester Zeit zur Verfügung stehen. Durch den automatisierten Datenabgleich zur Kreditsicherung gehen die Transaktionskosten der Prüfung gegen null.

MOBILES BEZAHLEN

Wer hat es an der Kasse im Supermarkt nicht schon erlebt: Beim Bezahlen akzeptiert das unhandliche Gerät die EC-Karte nicht oder die Funkverbindung kommt nicht zustande. Die bestehenden Anbieter von Kartenzahlungsgeräten vertrauen dennoch weiter auf ihre aufwendige, stationäre Hardware. Damit könnte aber bald Schluss sein. Allzweckgeräte wie Smartphones und Tablets, die über eine große Rechenleistung, Handlichkeit, einfache Bedienung sowie permanente Vernetzung verfügen und überall einsetzbar sind, stellen schon heute die technischen Voraussetzungen für mobiles Bezahlen bereit. Damit das dann auch bald Realität für die Masse der Konsumenten wird, arbeiten Startups wie Payleven oder Square an entsprechenden Softwarelösungen, die das Bezahlen per Handy für Kunden und Einzelhändler sicher machen. Während sich das Berliner

Unternehmen Payleven mit seiner innovativen Lösung auf die EC- und Kreditkartenzahlung bei kleinen Einzelhändlern fokussiert, geht Square einen Schritt weiter. Mit Hilfe eines gesamten Point-of-Sale-Systems bieten die Kalifornier Endkunden und Einzelhändlern auch das Bezahlen per Smartphone. Langfristiges Ziel des Unternehmens ist es, Geschäfte künftig ohne jegliche klassische Zahlungsmittel abzuwickeln und allen Kunden, zum Beispiel per Smartphone, eine allgegenwärtige Zahlungsfähigkeit zu ermöglichen.

MÄCHTIGE KUNDEN

Es ist noch nicht lange her, dass Bankkunden endlich ihr Recht auf ein Girokonto erstritten. Doch die Kunden wollen mehr. Sie wollen auch die Kontrolle über ihre Geschäfte und nicht länger den Finanzinstituten ausgeliefert sein. Hier setzen die beiden Berliner Startups Smava und Number26 an. Letzteres zum Beispiel bietet Kunden nicht nur ein Girokonto, das alle gewohnten Zahlungsmöglichkeiten per Kreditkarte, PayPal oder bar ermöglicht. Number26 befähigte die Kontoinhaber gleichzeitig, ihre eigene Liquidität anhand von Tagging-Funktionen, intelligenten Auswertungen, schnellen Geldtransfers und einfacher Handhabung im Fall von Kartensperrungen oder Erkennen verdächtiger Aktivitäten laufend selbst zu überprüfen. Zudem können die Kunden überall auf der Welt ohne Mehrkosten auf die Art bezahlen, die sie für die komfortabelste halten.

Smava dagegen bietet seinen Kunden, ähnlich wie Auxmoney, den Zugang zu Krediten durch Privatanleger. Bei den Berlinern haben Kreditnachfrager allerdings auch die Möglichkeit, eine Finanzierung über eine traditionelle Bank abzuwickeln. Der Unterschied zum klassischen Bankgeschäft ist auch hier die Transparenz. Bei Smava werden alle zur Verfügung stehenden Kreditangebote offen miteinander verglichen, um dem Kreditnehmer eine Entscheidung zu erleichtern. Das Startup ersetzt also nicht nur die Bank. Es beeinflusst deren Geschäft, indem es für die vorhandenen Bankangebote als Zwischenhändler agiert und die Marktmacht zum Kreditnachfrager verschiebt. Smava nutzt dabei den Druck der Banken, die angesichts der niedrigen Zinsentwicklung zunehmend um zahlungsfähige Kunden buhlen müssen.

NIEDRIGE GEBÜHREN

Internationale Geldtransfers sind noch immer sehr kostspielig. Dass das nicht sein muss, demonstriert das Startup Transfer-Wise. Das Londoner Unternehmen macht Gebühren und Wechselkurse für alle Beteiligten an internationalen Finanzgeschäften transparent. Um die Transaktionskosten und das Währungsrisiko gering zu halten, greift TransferWise dabei auf volldigitalisierte Prozesse zurück. So können Gebühren verringert und reale Wechselkurse ausgezahlt werden. Zudem hat es einen Service eingerichtet, der das Wechselkursrisiko auf den Versender von Geldtransfers überträgt und den Bezahlprozess vereinfacht. Da der internationale Geldverkehr derzeit weiter zunimmt, ist ein geringerer Gewinn pro Transaktion für TranferWise durchaus rentabel.

UNGEWÖHNLICHE MÄRKTE

Eines der ersten mobilen Bezahlsysteme wurde nicht etwa von Google oder Apple im amerikanischen Markt etabliert, sondern von Vodafone im afrikanischen Markt. Das M-Pesa-System hat seit 2007 den afrikanischen Geldmarkt entscheidend verändert. Es ermöglichte den sicheren Geldverkehr per SMS in einem Markt, der bisher davon geprägt war, praktisch keinen bargeldlosen Geldverkehr zu haben. Warum aber in Afrika und mittlerweile auch Indien und nicht in Europa oder den USA? Die Rahmenbedingungen für ein solches System waren in Afrika günstig, es gab eine große Verbreitung von SMS-fähigen Mobiltelefonen, keinerlei Infrastruktur für andere Bezahlformen über Karten oder Apps und eine geringe Verbreitung von Bankkonten. Daher machte es Sinn, ein System zu etablieren, das mit Prepaid-Einzahlungen direkte Zahlungen an einen Verkäufer via dessen Mobiltelefon durchführt. Es gab für die beteiligten Kunden und Verkäufer auch praktisch keine Barrieren, in diesen Markt einzutreten, da sie nur ihre Mobiltelefone brauchten. Ansonsten waren keinerlei Aufwand mit dem Einsatz verbunden. Im Gegensatz dazu wären die Bedingungen in Europa denkbar schlecht gewesen: Vorhandene Infrastruktur für bargeldlose Zahlungen, Banken als der gewohnte Partner für alle Geldgeschäfte und keinerlei Anreiz, durch eine solche Lösung das eigene Verhalten zu verändern. In Europa wäre M-Pesa gescheitert. In Afrika ist es mittlerweile das größte bargeldlose Bezahlsystem und führte dort ganz nebenbei zu einer verringerten Kriminalitätsrate, da weit weniger Bargeld in Umlauf ist. Manchmal ist der naheliegendste Markt nicht unbedingt auch der beste für das eigene Produkt.

BEWERTUNG DER DISRUPTIVEN ENTWICKLUNG

Wie die oben genannten Beispiele zeigen, werden die Banken auf vielen Ebenen von vielversprechenden Fintech-Startups herausgefordert. Angesichts der wirtschaftlichen und politischen Kontrolle, die die Finanzinstitute noch über die Märkte ausüben, müssen die jungen Unternehmen große Hürden überwinden. So überrascht es nicht, dass einige der bekanntesten Startups wie Square trotz großer Geldreserven immer wieder ins Straucheln geraten. In einer so eng regulierten und von den bestehenden Marktteilnehmern kontrollierten Branche besteht immer die Möglichkeit, dass selbst eine attraktive Disruption scheitert. Dennoch demonstrieren einige der Fintech-Startups ein ungewöhnlich hohes Verständnis für Marktdisruptionen und deren Umsetzung in der Bankenwelt. Daher zeichnet sich ab, dass die Fintech-Startups den Konsumentenbereich im Finanzgeschäft langfristig revolutionieren werden.

Disruptive Innovationen revolutionieren Märkte über drei Ansätze: Sie schaffen neue Bedürfnisse, eine neue Wertschöpfung oder neue Einnahmequellen.

~

Damit disruptive Innovationen Märkte revolutionieren können, müssen sie die Käufergruppen der Innovatoren und der Early Adopters – rund 16 Prozent aller Konsumenten – überzeugen.

~

Echter Wandel erfordert in allen Bereichen der Gesellschaft disruptive Innovationen.

~

In vielen Unternehmen herrscht ein Sicherheitsdenken vor, das lieber bestehende Leistungsangebote weiterentwickelt, als völlig neue Wege zu gehen.

~

Die Entwicklung einer disruptiven Innovation und ihr Markterfolg verlaufen in Form einer S-Kurve.

~

Ein Technologiesprung bedeutet immer den Wechsel von einer S-Kurve zur nächsten, die auf einem höheren Leistungsniveau startet.

STARTUPS
FINANZIEREN

Teil II ~

»Venture Capital ist vor allem People Business. Das bedeutet:
Technologie, Märkte, Skalierbarkeit, Alleinstellungsmerkmale etc. sind wichtig.
Noch wichtiger aber sind die Menschen, die daraus ein erfolgreiches
Unternehmen machen sollen.«

DR. STEPHAN BEYER

INVESTMENT DIRECTOR, VENTEGIS CAPITAL AG

FUNDAMENT
für die Kapitalsuche
LEGEN

7

7 FUNDAMENT FÜR DIE KAPITALSUCHE LEGEN

Erfolgreiche Gründungsvorhaben können auf eine solide Substanz zurückgreifen. Sie sind besonders, machen etwas grundlegend anders und besser als die Konkurrenz. Zudem haben sie eine konkrete Vorstellung von der Zukunft.

Für Startups, die eine langfristige Finanzierung ihrer Geschäftsidee anstreben, kann es nur ein Ziel geben: Belastbarkeit. Mit diesem Begriff werden Gründungsprojekte bezeichnet, die anhand innovativer Produkte Märkte revolutionieren und hohe Wachstumsraten versprechen. Die Belastbarkeit wird also durch das Disruptionspotenzial – wie in Kapitel 6 beschrieben – und die Fähigkeit, Alleinstellungsmerkmale zu kreieren, definiert. Nur Startups, die wirklich etwas anders und besser machen als die etablierte Konkurrenz, werden auf Dauer am Markt Erfolg haben und Investoren für sich gewinnen.

Allerdings ist Vorsicht geboten. Wer sich ausschließlich auf das Disruptionspotenzial fokussiert und die übrigen Erfolgsfaktoren eines Gründungsprozesses vernachlässigt, wird scheitern. Im Zentrum aller Aktivitäten steht immer ein überzeugendes Wertversprechen. Und um dieses im Markt umzusetzen, bedarf es eines fundierten sowie gewinnträchtigen Geschäftsmodells. Wie erfolgreich ein Startup damit im Markt besteht, zeigt sich daran, wie innovativ es die Spielregeln verändert und wie es daraus Wachstumschancen kreiert. Der Erfolg einer Unternehmensgründung erfordert also eine ganzheitliche Sicht. Der erste Teil dieses Buchs beschreibt daher alle Voraussetzungen für eine erfolgreiche Zusammenarbeit mit Investoren. Wer sich nicht sicher ist, dieses Thema hinreichend durchdrungen zu haben, dem empfehle ich, sich noch einmal intensiv mit den vier entscheidenden Kriterien für die Kapitalsuche auseinanderzusetzen. Denn Investoren haben einen geschulten Blick dafür, ob Startup-Teams diese Voraussetzungen erfüllen. Ist dies nicht der Fall, fließt kein Geld. Da hilft auch die beste Finanzierungsstrategie oder das beste Kontaktnetzwerk nichts.

Nur wenn das Startup-Konzept stimmig ist, und von realistischen Voraussetzungen ausgeht, hat der in den folgenden Kapiteln umfassend erläuterte Prozess der Kapitalbeschaffung Aussicht auf Erfolg. Weist ein Gründungsprojekt Lücken auf oder steht es auf einem wackeligen Fundament – ist es mithin nicht belastbar –, kann es für die jungen Unternehmer schnell zu einem Bumerangeffekt kommen. Selbst eine vielversprechende Idee stößt dann leicht auf Ablehnung und gerät in einen schlechten Ruf – weil die offensichtlichen Mängel gegen ein gutes Team sprechen.

Die Belastbarkeit ist die Grundlage für die Investorensuche und die darauf ausgerichtete Finanzierungsstrategie. Sie legt die Basis für die drei im Prozess der Kapitalbeschaffung benötigten und im Rahmen der Dokumentation entscheidenden Unterlagen: den »Teaser«, das »Pitch Deck« und das »Investoren-Memorandum«.

Während es sich beim Teaser um eine maximal zweiseitige Kurzfassung des Startup-Projekts handelt, bringt das Pitch Deck das Gründungsvorhaben in Präsentationsform auf den Punkt.

Ergänzt wird es um das Investoren-Memorandum, das Detail-
informationen enthält und erst dann vorgelegt wird, wenn der
Investor tiefergehendes Interesse signalisiert.

Der klassisch-akademische Businessplan dagegen, wie er
lange Zeit von Gründungsberatern und Wirtschaftsförderern
propagiert wurde, hat an Bedeutung verloren und ist nur noch
bei hochkomplexen F&E-geprägten Startups gefragt, etwa in den
Branchen Life Science oder Cleantech. Aufgrund ihrer hohen
Risiken erfordern diese Gründungsprojekte eine ausführliche
Darstellung der Forschung sowie der Chancen und Risiken
anhand umfangreicher Marktstudien. In diesen Bereichen ist
der Businessplan nach wie vor sinnvoll, da sich komplexe Startup-Projekte nicht ohne Weiteres auf wenigen Seiten nachvollziehbar erklären lassen.

Für weniger komplexe Gründungsprojekte genügt in der
Regel, neben dem Pitch Deck, das sogenannte Investoren-Memorandum. Diese ausführlichere Erweiterung zur Präsentation
fasst zusammen, wie die Gründer zu ihrer Idee gekommen sind,
mit welchen Fakten sie diese belegen und welchen Mehrwert
sie im Markt anstreben. Das Wichtigste aber ist, dass die jungen
Unternehmer in beiden Dokumenten einen Innovationsprozess
präsentieren. Nur dann nämlich, wenn sie darlegen, wie tief sie
ihr angestrebtes Geschäft durchdrungen haben, wie sie sich im
Markt bewegen, welche Erfahrungen bereits mit Kunden bestehen sowie welche Schritte sie zu welchem Zeitpunkt und aus
welchen Gründen planen, können sie den Kapitalgebern Kompetenz und eine gewisse Investitionssicherheit vermitteln. Diese
Erfolgsperspektive, untermauert vom eigenen Selbstverständnis

sowie ersten konkreten Ergebnissen, wiegt um ein Vielfaches mehr als jede Marktprognose, die letztlich doch nur reine Fiktion und Wunschdenken ist. Denn Startups lassen sich einfach nicht nach einem Masterplan aufbauen. Vielmehr müssen sie ihre Idee laufend an die tatsächlichen Marktgegebenheiten und Kunden-bedürfnisse anpassen. Das gelingt allerdings nur, wenn Gründer bereit sind, von Anfang an ihre Ideen konkret zu testen und auch Misserfolge zu riskieren. Nur wenn alle diese Erfahrungen tatsächlich offen vorliegen, können Investoren beurteilen, ob ein finanzielles Engagement für sie in Frage kommt.

Was so einfach klingt, ist harte Arbeit. Pitch Deck ist nicht gleich Pitch Deck. In der Regel sind neun von zehn Startup-Prä-sentationen, die auf meinem Schreibtisch landen, mangelhaft. Die darin vorgestellten Konzepte sind schwach, oberflächlich und schlichtweg nicht finanzierungsfähig. Der Grund ist offen-sichtlich. Viele Ratgeber, Seminare, Bücher und sogar spezielle Gründerberatungen sowie Hochschulstudiengänge legen bei der Projektpräsentation viel zu viel Wert auf eine vollkommen neuartige Geschäftsidee, die dann nur sehr allgemein abgehan-delt wird. Selbst in der Presse wird häufig der Eindruck ver-mittelt, eine neue Software-Lösung würde genügen, und die Risikokapitalgeber würden junge Unternehmer mit Geld nur so überhäufen. Doch das ist eine Illusion. Solche Präsentationen mögen gut sein, um Partner und Kunden zu überzeugen, den freundlichen Sparkassenangestellten dazu veranlassen, einen Kontokorrentkredit zu gewähren oder bei einem Businessplan-wettbewerb teilzunehmen. Einen Wagniskapitalgeber bewegen Sie damit aber nicht zu einem Investment *(siehe Kapitel 8).*

ALLEINSTELLUNGSMERKMALE KREIEREN

Die Substanz eines Startups – und damit die Belastbarkeit, die Wagniskapitalgeber sehen wollen – resultiert nicht einfach nur aus Prosatext, der eine gute Geschäftsidee umschreibt. Die Fähigkeit, essenziell zu sein und Tiefgang zu haben, bedeutet, Alleinstellungsmerkmale über die gesamten Geschäftsprozesse sowie die Wertschöpfungskette hinweg zu kreieren und diese nachvollziehbar kurz und knapp auf den Punkt zu bringen. Zudem wollen Investoren sehen, wie sehr die Gründer für ihr Projekt leben und mit welchen Methoden und Strukturen sie ihre gesteckten Ziele erreichen wollen. Ohne diese ganzheitliche Sicht lassen sich für Investoren keine attraktiven Wachstumsraten und keine Aussichten auf attraktive Exit-Erlöse im Falle des Verkaufs ihrer Anteile erzielen. Pitch Decks müssen anhand von Fakten aufzeigen, warum ein Startup so besonders ist. Disruptionen können dabei in den vier Bereichen »Finanzen«, »Markt und Kunde«, »Technologie« sowie »Wertschöpfungskette« entwickelt werden. Ein Startup wird umso erfolgreicher sein, in je mehr Bereichen es Alleinstellungsmerkmale hervorbringt und bestehende Marktregeln auf den Kopf stellt.

Zu den ersten Ansatzpunkten beim Thema »Finanzen« zählt zum Beispiel die Infragestellung bestehender Preisstrukturen und Bezahlmodelle. Neue Preis-Mengen-Kombinationen oder innovative Abwicklungen des Kaufs können ganz neue Kundengruppen ansprechen. Aktueller Trend, der von der »Industrie 4.0«-Entwicklung forciert wird, ist die »Mass Customization« oder individualisierte Massenfertigung. Dabei werden die Vorteile der Massenproduktion, wie etwa hohe Skaleneffekte oder Automatisierung, mit dem Wunsch der Kunden nach Produkten, die die persönlichen Bedürfnisse erfüllen, verbunden – und das alles zu einem nur geringfügig höheren oder gleichen Preis für die Endkunden. Die Herstellung nach Kundenbedarf spart zudem Lagerkosten und stellt eine Möglichkeit dar, dem harten Preiskampf im Segment der standardisierten Produkte zu entkommen. Im Idealfall kann ein Produzent auf diesem Weg sogar eine Position als Innovationsführer einnehmen. Darüber hinaus stellt die Mass Customization ein Instrument dar, um umfassende Kundendaten und -bedürfnisse zu erheben, die mit traditionellen Marktforschungsmethoden nur schwer ermittelbar sind. Eine dauerhafte Kundenbindung wird somit erleichtert. Erste Unternehmen gehen sogar noch einen Schritt weiter und entwickeln die Mass Customization zu einem »Open Innovation«-Konzept. Dabei werden durch die Integration der Kundenwünsche ganz neue Produkte entwickelt.

Eine weitere Voraussetzung ist, dass die bestehenden Kostenstrukturen und Gewinnmargen im Markt analysiert werden. Neue Wege, wie etwa die Firmenpolitik niedriger Margen, können dann Marktvorteile eröffnen. Alleinstellungsmerkmale entstehen dabei allerdings nur, wenn Gründer bereit sind, ihr Vorhaben bis ins Detail zu hinterfragen. So kann es etwa geschehen, dass erst durch Änderungen in der Materialwahl Produkte marktfähig werden, weil sie plötzlich ohne Qualitätsverlust günstiger angeboten werden können. Auch die Optimierung der Produktion, das Senken der Akquisitionskosten oder neue Ansätze bei den Erwartungen über die mit den Kunden zu erzielenden durchschnittlichen Umsätze können ein Startup besonders machen und Kostenführerschaft ermöglichen. An solchen Überlegungen erkennen Investoren, wie sehr sich Unternehmer mit den Regeln des Marktes auseinandergesetzt haben.

Alleinstellungsmerkmale bezogen auf den Markt und den Kunden sind dagegen möglich, wenn Gründer die Bedürfnisse der Konsumenten und ihr Verhalten in- und auswendig kennen. Erst dann sind sie in der Lage, deren Verhaltensmuster und Kaufentscheidungen durch ihr Geschäftsmodell sowie innovative Angebote zu beeinflussen. Das notwendige Wissen umfasst auch, aktuelle Trends zu erkennen und stets im Blick zu haben, welche Werte Kunden gerade verfolgen, welche Preise sie zu zahlen bereit sind, welche neuen Technologien sie nutzen oder wie sie mit Unternehmen künftig in Kontakt treten wollen. So profitieren heute viele Unternehmen davon, dass immer mehr Käufer willens sind, online einzukaufen und auch Serviceleistungen über das Internet in Anspruch zu nehmen. Viele Softwarehersteller bieten aus diesem Grund keinen allgemeinen E-Mail- und Telefon-Support an. Angesichts neuer Nutzerverhaltensweisen wäre das viel zu teuer. Stattdessen offerieren diese Unternehmen ihren Kunden online zahlreiche Self-Service-Möglichkeiten, von der Rechnungs- und Zahlungsverwaltung bis hin zu komplexen Fragestellungen. Sie können auf diese Weise praktisch ohne Kosten eine große Anzahl Nutzer skalieren.

Der Trend zur Selbstbedienung ist allerdings nicht nur ein Phänomen der IT-Branche. Längst hat die Entwicklung auch Bereiche wie Finanzdienstleistung, Telekommunikation, Versicherungen, Krankenkassen, Banken *(Kapitel 6)* oder Energieversorgung erfasst. Zunehmend wird auch dort die persönliche

Betreuung durch Self-Service-Angebote ergänzt bzw. teilweise ersetzt. So aktualisieren beispielsweise die Kunden selbst inzwischen ihre Stammdateninformationen und verwalten ihre Vertrags- und Abrechnungsdaten. Die Akzeptanz dieser Umstellung ist groß, da sie das zunehmende Bedürfnis der Menschen nach ständiger Verfügbarkeit, Zeitersparnis, einfacher Handhabung und Unabhängigkeit befriedigt. Viel entscheidender als ein innovatives Leistungsangebot ist aber für die Unternehmen die neue Kundenbeziehung, die daraus folgt, denn durch die Einbindung in den Geschäftsprozess *(Customer Integration)* wandelt sich der Kunde von einem bislang passiven zu einem aktiven Partner.

Dennoch sind nicht alle Kunden an den neuen Customer Self Services gleichermaßen interessiert. Das Bedürfnis nach mehr Autonomie verändert sich mit dem Lebenszyklus der Konsumenten. Vorrangige Aufgabe für die Unternehmen ist es daher, in der Analysephase geeignete Gruppen zu identifizieren und sie mit ihren Interessen genau zu beschreiben. Die entsprechenden Kunden lassen sich nur mit einem konkreten Mehrwert und der Aussicht auf das Erfüllen individueller Bedürfnisse von den Vorteilen der Selbstbedienung überzeugen. Ein weiterer wichtiger Ansatz für Disruptivität ist die Verknüpfung von Märkten und ihren Veränderungen. Waren zum Beispiel die Märkte für Soft- und Hardware früher streng getrennt, sind sie heute fast vollständig miteinander verwoben.

Der offensichtlichste Treiber für ein besonderes Startup-Konzept ist die Technologie. Allerdings bietet auch dieser Ansatzpunkt nur dann viel Gestaltungsspielraum, wenn Gründer den Status quo der Entwicklungen im Markt durchdrungen haben.

Dazu zählt unter anderem die Kenntnis darüber, welche Technologiestandards aktuell gelten, wie lange diese Standards noch gefragt sein werden oder welche neuen Technologiezyklen der Markt erwartet. Derzeit geht beispielsweise BMW davon aus, dass die Batterielebenszeit für die Kunden wichtiger ist als die Energiedichte der Batterie, also deren Größe bei gleicher Leistung. Erstere ist mit 20 Jahren beim BMW i3 aktuell deutlich höher als beim Model S des Konkurrenten Tesla, das nur über eine Batterielaufzeit von zehn Jahren verfügt. Dafür kann Tesla mit einer viel größeren Energiedichte aufwarten, was für die Kunden tatsächlich ausschlaggebend zu sein scheint, wie die im Vergleich zum i3 höheren Verkaufszahlen des Model S nahelegen. BMW müsste also umdenken, zumal Tesla intensiv daran arbeitet, die Kosten für eine Batterie massiv zu senken, um seinen Kunden nach zehn Jahren einen günstigen Austausch zu ermöglichen.

Gerade die Produktion liefert zahlreiche Möglichkeiten, disruptive Technologien wie etwa den 3-D-Druck zu etablieren und Alleinstellungsmerkmale im Wettbewerb zu erzielen. Allerdings liegen die Chancen nicht nur in den Fertigungsprozessen und der Haltbarkeit von Produkten; auch und gerade Erfindungen bei den Materialien ermöglichen oft ganz neue Wege. So ist Glas durch die Entwicklung neuer Eigenschaften heute eine beliebte Ressource für die Herstellung von Smartphones, was für viele Experten lange undenkbar schien. Allerdings ist auch eine innovative Technologie nicht alles. Schließlich ist sie nur dann erfolgreich, wenn sie auch gekauft wird. Gründer müssen daher immer darauf achten, keine Traumprojekte zu verfolgen, sondern ihre Entwicklung an den Bedürfnissen des Marktes und der Kunden auszurichten.

Der vierte Ansatzpunkt für Alleinstellungsmerkmale ist die Analyse der gesamten Wertschöpfungskette *(siehe auch Kapitel 6)*, zu der alle Zuliefer- sowie Vertriebspartner oder auch die gesamte Infrastruktur zählen. Lässt sich etwa eine Stufe in der Materialherstellung oder der Fertigung eliminieren oder ein teurer Geschäftspartner austauschen, können Startups bedeutende Margen- und Gewinnpotenziale realisieren. In Fachkreisen spricht man dabei von »vertikaler Integration«, wenn bestimmte Prozesse der Wertschöpfungskette in andere Stufen aufgehen oder einfach wegfallen. Disruptionspotenzial liegt zum Beispiel darin, die Produktion etwa durch eine Verlagerung ins In- oder Ausland neu zu organisieren, Vermarktungswege wie den Point-of-Sale attraktiver zu gestalten, die Distribution des Leistungsangebotes zum Kunden kostengünstiger anzubieten, Zwischenhändler auszuschalten oder ganze Prozesse zu digitalisieren. Gewohnte Abläufe vollständig in Frage zu stellen, sollte unbedingt auch auf Dienstleistungen übertragen werden. Viele Serviceangebote werden im Markt gehalten, weil die Firmen glauben, ohne sie gehe es nicht oder weil sie meinen, die Dienstleistungen müssten auf eine ganz bestimmte Weise erbracht werden. Gründer, die das hinterfragen, entdecken jedoch enorme Chancen für Wettbewerbsvorteile.

DAS GRUNDGERÜST DES INVESTOREN-MEMORANDUM

Auch wenn das ausführliche Skizzieren der Besonderheiten eines Startups die vorrangigste Aufgabe des Pitch Decks ist, kann dieses Dokument nicht alle wichtigen Themen abdecken.

Dafür dient letztlich, als Erweiterung, das Investoren-Memorandum. Die folgenden Punkte bilden dessen Grundgerüst und sind gleichzeitig ein Leitfaden für das Pitch Deck, da sie das Startup-Projekt klar und knapp auf den Punkt bringen.

Executive Summary: Dieser sehr kurz gehaltene Punkt beschreibt prägnant den Hintergrund des Vorhabens. An dieser Stelle werden der Anlass des Startups, die Geschäftsidee und die Menschen hinter dem Projekt in wenigen Sätzen zusammengefasst. Gewöhnlich schauen sich Investoren das zuerst an.

Problem: Jede erfolgreiche Geschäftsidee löst ein Problem der Kunden. Und wenn sie nicht nur die Schmerzen der Käufer vermeidet oder ihre Aufgaben vereinfacht, sondern auch noch ihre Erwartungen übertrifft, erzeugt sie Begeisterung, die ein wesentlicher Aspekt ist, um ein Produkt im Markt durchzusetzen und loyale Kunden zu gewinnen. Doch ob das Startup wirkliche Kundenprobleme anspricht, muss anhand von konkreten Fakten belegt werden. Wer Probleme propagiert, die es auf Kundenseite gar nicht gibt, scheitert meist schnell. Daher: Gründer sollten zunächst genau erläutern, an welche Kundengruppe sie sich richten. Und vor der Erstellung des Investoren-Memorandums sollten sie ihr Publikum einfach mal befragt haben. Mit den richtigen Fragen lassen sich valide Daten erheben, um die Chancen der eigenen Innovation zu untermauern.

Lösung: Die Lösung eines Problems muss für den Kunden spürbar sein. Wenn Nutzenvorteile transparent und messbar sind, entscheiden sich Konsumenten deutlich leichter für einen initialen oder erneuten Kauf. Die Gründer müssen daher umfassend schildern, wie sie die ausgewählten Kundenprobleme konkret lösen. Welche Funktionen bieten sie, welcher Mehrwert entsteht dabei, sprechen sie gesellschaftliche Aufgaben wie Status an, welche emotionalen Bedürfnisse, wie zum Beispiel Sicherheit, unterstützen sie, welche Grundbedürfnisse werden abgedeckt und wo sehen sie Potenzial für Verbesserungen und Ergänzungen?

Unique Selling Proposition: Auf der Basis der beiden zuvor genannten Punkte lassen sich die Besonderheiten des Startups und seine Alleinstellungsmerkmale zusammenfassen. Investoren wollen auf einen Blick wissen, was ein Produkt einzigartig macht und durch welche Kosten- sowie Nutzenvorteile sich eine Marktlösung im Detail von der Konkurrenz unterscheidet.

Team: Ein für Investoren zentrales Thema ist die Vorstellung des Gründer- beziehungsweise Managementteams. Gründungen in Teams sind nicht nur erfolgreicher als Einzelunternehmer-Startups, sondern haben entscheidenden Einfluss auf die weiteren Geschicke des Startups. Deshalb wollen die Investoren wissen, wie groß das Team ist, welche Qualifikationen die einzelnen Mitglieder mitbringen und welche Referenzen sie für die Aufgabe vorweisen. Interessant sind zum Beispiel, wenn vorhanden, Erfahrungen mit anderen Startup-Projekten. Wichtig für die Einschätzung der Investoren ist zudem die Einbindung der Mitarbeiter, deren strategischer Spielraum innerhalb des Startups je nach Vertrag variiert. Sind etwa Schlüsselmitarbeiter vertraglich nicht eng an das Unternehmen gebunden, besteht immer die Gefahr der Abwanderung von unverzichtbaren Fachkräften.

Produkt: An dieser Stelle werden das Produkt oder die Dienstleistung im Detail erläutert. Für Investoren besonders wichtig sind die Technologien, die dem Angebot zugrunde liegen, und deren Entwicklungsstand. Je nachdem, in welcher Phase sich ein Produkt befindet, lassen sich genaue Aussagen darüber treffen, ob das Angebot im Markt ein Erfolg werden kann und ab wann mit einem Break Even zu rechnen ist. Bedeutende Entwicklungsphasen sind die Konzeption des Gründungsvorhabens, die Entwicklung erster Prototypen des Produktangebotes sowie der Eintritt in den Markt mit ersten Verkäufen. Einmal aktiv in den Markt eingestiegen, gibt es weitere Phasen, die sich auf die entsprechenden Käuferschichten fokussieren und ganz unterschiedliche Strategien erfordern. Im Investoren-Memorandum sollte der Nutzen des Leistungsangebotes in jeder Phase möglichst anhand von Beispielen präsentiert werden.

Execution (Ausführung): Selbst wenn noch kein aktives Geschäft vorliegt, wollen Investoren Fakten sehen. Gründer müssen sich deshalb vor der Formulierung genau überlegen, wie sie das Potenzial ihres Startup-Konzeptes mit harten Daten und erreichten Zielen messbar untermauern können. Durch Umfragen unter potenziellen Kunden und Experten könnten sie eigene Kennzahlen entwickeln, die etwa Konsumentenbedürfnisse und -werte widerspiegeln. Darüber hinaus bieten Internetseiten die konkrete Möglichkeit, das Kundeninteresse zu messen. Voraussetzung ist, dass die Landingpage attraktiv gestaltet ist und eine Warteliste für Interessenten anbietet. Anhand der Klickraten und des Marktechos in sozialen Netzwerken und Branchenseiten lässt sich unter anderem ablesen, wie aktiv potenzielle Nutzer und Meinungsbildner sind und wie sie die Geschäftsidee annehmen. Diese umfassende Marktbeobachtung sollte ein ständiger Begleiter des gesamten Startup-Prozesses sein.

Marktvolumen: Wer Investoren überzeugen will, muss seinen Markt in- und auswendig kennen. Es muss klar werden, dass die Gründer, nicht die Investment-Manager, die Experten für das Geschäft sind. Wichtige Zahlen, die im Memorandum detailliert präsentiert und erläutert werden sollten, sind die Größe des Marktes, welche Umsätze dort erwirtschaftet werden, der Umfang der Zielkundengruppe und das Marktwachstum. Die Gründer sollten aber auch deutlich machen können, dass der anvisierte Markt weder gesättigt noch zu klein ist. Für Investoren interessant ist auch, ob es Märkte gibt, die den Zielmarkt etwa durch Querschnitttechnologien beeinflussen und welche Trends – ökonomisch, technologisch, gesellschaftlich, politisch etc. – im Markt aktuell relevant sind. Häufig ziehen Investoren einen kleinen Markt mit hohem Wachstum einem großen mit langsamen Wachstum vor, weil das auf Dauer mehr Geschäftspotenzial eröffnet.

Wettbewerb: Sehr gut vorbereitete Gründer haben sich nicht nur allgemein über ihren anvisierten Markt informiert. Sie wissen, mit welchen Geschäftsmodellen Wettbewerber im Markt agieren und haben vor allem deren Bilanzen studiert. Hier finden sie, wie die Konkurrenz produziert, welche Preise sie kalkuliert, welche Gewinne und welchen Cash Flow sie erzielt, wie viel Umsatz sie erwirtschaftet, mit welchen Kosten sie rechnet oder auch, ob sie fremdfinanziert ist. Erst anhand dieser wichtigen Daten kann ein Gründerteam die eigene Position konkretisieren und Ansatzpunkte für Alleinstellungsmerkmale erkennen. Es gilt also: Daten sammeln, Daten verstehen und Daten nutzen. Der Hinweis, es gäbe keine Konkurrenz, kommt bei Investoren nicht gut an, zumal er nie der Realität entspricht. Ein Bedürfnis, das für den Kunden wirklich wichtig ist, wurde bisher auf andere Art und Weise auf jeden Fall befriedigt. Die Kür in der Wettbewerbsanalyse ist ebenso die Auseinandersetzung mit möglichen künftigen Konkurrenten oder Konkurrenzprodukten. Zum Beispiel hat niemand damit gerechnet, dass WhatsApp einmal das Mobilfunkgeschäft der Telekom herausfordern könnte.

Geschäftsmodell: Investoren wollen wissen, wie Startups beabsichtigen, mit ihrem Produkt Geld zu verdienen und mit welchem Preis-Mengen-Gerüst sie die Kosten kalkulieren. Das Memorandum muss daher die Logik des Geschäftsmodells umfassend beschreiben. Die Art der geplanten Kundenbeziehungen gehört genauso dazu wie eine plausible Erklärung, weshalb bestimmte Preise erhoben oder Umsätze erwartet werden. Die Schilderungen dürfen allerdings nicht an der Oberfläche bleiben. Wagniskapitalgeber können erst dann das Potenzial eines Geschäftsmodells genau einschätzen, wenn sie verstehen, wie zum Beispiel Kundenbeziehungen etabliert werden sollen, welche Ressourcen dafür nötig sind und welche Marketing- sowie Distributionskanäle dabei eingesetzt werden. Aufschluss darüber gibt etwa eine fundierte Deckungsbeitragsrechnung. Für die Wachstumsaussichten sind zudem die Kosten der Kundenakquisition relevant. Sind diese zu hoch, kann das Geschäft nicht lange aufrechterhalten werden. Die Plausibilität eines Geschäftsmodells wird dadurch untermauert, dass Gründer ausführlich darlegen, welche Schlüsselaktivitäten sowie Ressourcen dafür erforderlich sind und inwieweit das Startup darauf zurückgreifen kann.

Skalierbarkeit: Ein Startup ist nur dann für Risikokapitalgeber interessant, wenn das Geschäftsmodell skalierbar ist. Das heißt: Das Konzept muss ein exponentielles Wachstum mit Gewinnaussichten in Aussicht stellen, das die Finanzierungsrisiken in jedem Fall ausgleicht. Voraussetzung für die Skalierbarkeit sind zwei Faktoren: 1. eine möglichst einfache Beschaffung der Ressourcen sowie 2. die Möglichkeit einer Umsatzsteigerung ohne eine gleich hohe Zunahme der Kosten. Weitere Informationen, die Investoren unbedingt von den Gründern benötigen, sind der erwartete Finanzierungsbedarf und eine Einschätzung, wie aufwendig die Pflege des Produkts sein wird.

Exit-Strategie: Bereits in der Erstpräsentation des Memorandums sollten Gründer auf einen möglichen Ausstieg der Investoren eingehen. Die Kapitalgeber werden das Thema ohnehin auf den Tisch bringen. Eine gute Exit-Strategie ist für sie überlebenswichtig, da sie im Regelfall auf diese Weise Rendite erzielen. Wichtiger als ein eindeutiger Verlauf einer Exit-Strategie ist für die Investoren zu diesem Zeitpunkt das Signal, dass Gründer sich mit dem Thema auseinandersetzen und es als selbstverständlich ansehen, dass Kapitalgeber ihre Anteile irgendwann verkaufen wollen. Anhand einer Exit-Strategie geben Gründer Einsicht in das Selbstverständnis ihres Startup-Projekts, insbesondere, wie sie mit strategischen Partnern zusammenarbeiten wollen und wie Partner von ihrem Unternehmen profitieren. So können sich aus strategischen Partnern, etwa in der Industrie, im Laufe der Zeit potenzielle Unternehmenskäufer entwickeln. Aber um die Voraussetzungen dafür zu schaffen, müssen Gründer ihr Startup frühzeitig darauf vorbereiten und mit ihrem gesamten Konzept für Partner attraktiv werden.

Hintergrundinformationen: Neben den obigen Daten sind für die Investoren noch einige weitere Informationen wichtig, die nicht unmittelbar im Vordergrund stehen, aber dennoch eine hohe Bedeutung für ihre Finanzierungsentscheidung haben. Dazu zählen unter anderem umfassende Finanzplanung und die Selbsteinschätzung der Risiken seitens der Gründer. Letzteres ergibt sich zum Beispiel aus den mit den Produkten verbundenen Haftungsregelungen. So kann das Startup zwar über ein hervorragendes Produkt verfügen, das bei Kunden Begeisterung auslöst, doch können gleichzeitig hohe Markteintrittsbarrieren existieren, weil wenige etablierte Anbieter den Wettbewerb kontrollieren oder gesetzliche Auflagen vorliegen, Gesundheitsschutzmaßnahmen etwa, Zulassungen oder technische Zertifizierungen, wie im Falle von Lebensmitteln, Pharmazeutika oder Produkten im Umfeld der Medizintechnik. Nicht selten wird sogar das gesamte Vorhaben von Investoren verworfen, weil ein Markteinstieg oder eine langfristig gewinnbringende Etablierung fast unmöglich erscheint. Startups müssen diese Hürden nicht nur kennen, sondern Lösungen präsentieren, wie sie Herausforderungen bewältigen wollen.

Die finanzielle Entwicklung wird dabei am effektivsten anhand von einem Realistic- und einem Worst-Case-Szenario dargestellt. Unnötige Diskussionen mit den Investoren lassen sich vermeiden, wenn die Gründer ihre Annahmen für die Planung offenlegen und erläutern. Glaubwürdig sind sie dabei nur, wenn die Zahlen realistisch widerspiegeln, was das Startup mit den vorhandenen Ressourcen und Kapazitäten in einem bestimmten Zeitraum produzieren und leisten kann. Ein Kardinalfehler ist die immer wieder zu beobachtende Argumentation, dass nur ein Prozent eines 1-Milliarde-Euro-Marktes dem Startup leicht einen Umsatz von zehn Millionen beschert. Ohne plausible Kosten- und Ressourcenplanung nimmt einem das kein Investor ab. Häufiger noch ist die Unsitte verbreitet, aus dem Volumen des Gesamtmarktes den prozentualen Erlösanteil des eigenen Unternehmens abzuleiten. Aber das ist eine willkürliche Vorgehensweise. Die progressive Planung von unten nach oben wäre der richtige Weg. Diese sogenannte Bottom Up-Methode ermittelt die Gesamtumsätze eines Startups auf der Basis von Teilplanungen der vorhandenen Ressourcen.

Zudem gehen Startups im Markt regelmäßig unter, weil sie nicht über die geeigneten Ressourcen und Hebel verfügen, um auf Veränderungen erfolgreich zu reagieren und Umsatz zu generieren. Wer nicht schnell genug agiert und nach den »Innovatoren« die Käuferschicht der »Frühen Konsumenten« gewinnt, öffnet der Konkurrenz Tür und Tor, die eigenen erfolgreichen Produkte zu kopieren. Darüber hinaus sollten Gründer unbedingt daran denken, Informationen über Patente sowie Schutzrechte aufzunehmen und erste Kunden zu nennen. Ebenso wollen die Investoren wissen, ob es anhängige Gerichtsverfahren gibt und ob Verträge mit Geschäftspartnern bestehen, die noch Rechte an Technologien und Produkt geltend machen könnten. Grundsätzlich gilt: Transparenz ist unerlässlich, um unliebsame Überraschungen und Diskussionen bei der späteren »Due Diligence« *(siehe Kapitel 10 und 11)* zu vermeiden.

Fazit: Wer ein tragfähiges Fundament für die Kapitalsuche legen will, braucht also eine exzellente Vorbereitung des Start-up-Projekts, die sich in den Unterlagen widerspiegeln muss. Jeder Schritt, jedes Detail ist entscheidend. Letztlich muss das Gesamtwerk des Gründungsvorhabens Investoren überzeugen. Und je nachdem, wen die Gründer ansprechen möchten, muss die Präsentation ausführlicher sein. Business Angels etwa steigen sehr früh in ein Startup-Projekt ein. Ihnen reichen oft eine ausführlich erläuterte Idee sowie die Ziele der Gründer. Venture Capitalisten legen dagegen andere Schwerpunkte. Sie wollen bereits konkrete Ergebnisse wie etwa eine funktionierende Produktversion sehen. Hier müssen Gründer einen größeren Aufwand betreiben, um zu zeigen, dass die ersten Umsätze bald fließen werden. Jede Investorengruppe hat somit ihre spezifischen Wünsche. Generell gilt deshalb: Wer seine Hausaufgaben macht und wirklich etwas zu bieten hat, der kann mit einer erfolgreichen Finanzierung rechnen.

RICHTIG DICKE FISCHE ANGELN

TAKE AWAYS

*Voraussetzung für eine erfolgreiche Startup-Finanzierung
ist die Belastbarkeit eines Geschäftsmodells.*

~

*Die Belastbarkeit wird durch Alleinstellungsmerkmale
und die Fähigkeit zur Disruptivität definiert.*

~

*Die entscheidenden Unterlagen für die
Kapitalsuche sind der Teaser, das Pitch Deck und das
Investoren-Memorandum.*

~

*Neun von zehn Startup-Präsentationen
sind nicht finanzierungsfähig.*

~

*Alleinstellungsmerkmale lassen sich in den Bereichen
»Finanzen«, »Markt und Kunde«, »Technologie« sowie
»Wertschöpfungskette« entwickeln.*

~

*Ein fundiertes Pitch Deck erfordert eine ganzheitliche
Sicht, da nur das Gesamtwerk des Startup-Vorhabens
Investoren überzeugt.*

»Die Finanzierung von High-Tech Start-ups ist unübersichtlicher geworden.
Business Angels, Crowdfunding-Plattformen, große Unternehmen
sowie internationale Venture Capital Fonds gewinnen an Bedeutung. Die meisten
lassen sich aber nicht via Internet finden, sondern müssen persönlich angesprochen werden. Seedinvestoren und Netzwerke, die über die entsprechenden
Kontakte verfügen, können hier helfen.«

DR. MICHAEL BRANDKAMP

SPRECHER DER GESCHÄFTSFÜHRUNG, HIGH-TECH GRÜNDERFONDS MANAGEMENT GMBH

Geschäftspotenziale
FINANZIEREN

8

8 GESCHÄFTSPOTENZIALE FINANZIEREN

Die Finanzierung von Startups variiert stark – je nach Geschäfts-modell und der Phase des Gründungsprozesses. Um zum opti-malen Zeitpunkt die richtigen Investoren zu finden, müssen Gründer daher umfassend über die vielfältigen Finanzierungs-alternativen im Bilde sein. Nur wer die Eigenarten von Venture Capitalisten, Business Angels, industriellen Investoren oder des Crowdinvesting im Detail versteht, ist handlungsfähig und stellt die richtigen Weichen für die Zukunft.

Innovationen sind der Motor einer Volkswirtschaft. Nur wenn eine Gesellschaft laufend neue Technologien, Produkte oder Geschäftsmodelle hervorbringt, kann seine Wirtschaft interna-tional wettbewerbsfähig sein. Es genügt aber nicht, einfach nur ein Umfeld zu gestalten, in dem möglichst viele Ideen entstehen. Damit diese sich auch in der rauen Welt des Marktes beweisen und Erfolge zeitigen können, braucht es ausreichend Marktrele-vanz und Finanzierungschancen. Der Ausgangspunkt einer Inno-vation, die Idee, durchläuft von ihrer ersten Formulierung bis zum operierenden Unternehmen verschiedene Phasen, die alle ganz unterschiedliche Anforderungen an den Kapitalbedarf stellen. Die große Herausforderung eines Startups ist es also, eine Finan-zierungsstrategie zu entwickeln, die nicht nur alle verfügbaren Kapitalquellen einbezieht, sondern auch die speziellen Unterneh-mensbedürfnisse in den einzelnen Entwicklungsphasen adressiert.

DIE IDEENPHASE

Im Verlauf des gesamten Startup-Zyklus variiert der Geldbe-
darf der Gründer erheblich mit dem Geschäftsmodell und dem
damit verbundenen Produkt- oder Lösungsportfolio. Startups
aus der Branche »Life Science« oder aus dem »Hightech-Sektor«
haben ganz andere finanzielle Herausforderungen als ein Soft-
wareprojekt, das im Home-Office gestartet und iterative an
Kundenanforderungen angepasst werden kann. Vor allem wegen
des hohen finanziellen und zeitlicher Aufwands für Forschung
und Entwicklung sowie der Anforderungen an Infrastruktur
oder Mitarbeiter benötigen gerade Erstere von Anfang an deutlich mehr Kapital.

Eine naheliegende Option für Gründer, um Gelder zu akquirieren, ist der Gang zur Bank. Für Hightech-Startups ist die
Fremdfinanzierung durch Kredite gerade in der Anfangsphase
jedoch keine wirklich tragfähige Lösung. Dies liegt nicht nur
daran, dass Unternehmen in diesem Fall regelmäßige Zins- und
Tilgungszahlungen leisten müssen, unabhängig davon, ob sie
mit ihrem Geschäftsmodell Einnahmen erzielen. Die Banken-
finanzierung kommt bei der Entwicklung von technologischen
oder kapitalintensiven Geschäftsideen auch deshalb so selten
in Frage, weil den Kreditinstituten die Projekte zu diesem Zeitpunkt einfach zu riskant sind. Konsequenterweise fordern sie
von den Gründern hohe Sicherheiten, etwa in Form von Bürgschaften, die diese in der Regel nicht erbringen können. Hinzu
kommt, dass die Auflagen dafür als Folge der globalen Finanzkrise durch die internationalen politischen Rahmenbedingungen
der Basel-II/III-Abkommen noch deutlich verschärft wurden.

Der Großteil der Startups in der Frühphase erfüllt die dort zugrunde gelegten Kriterien derzeit nicht. Erst dann, wenn ein Startup am Markt etabliert ist und stabile Umsätze und Gewinne erzielt, sind klassische Bankkredite eine gefragte und funktionierende Ergänzung im Rahmen der Finanzierungsstrategie, zumal sie sicherlich die günstigste Finanzierungsquelle darstellen.

In der Ideenphase sind Gründer deshalb oft gezwungen, das nötige Kapital für ihre Idee selbst aufzubringen. Da es sich in diesem Stadium normalerweise noch um darstellbare Summen handelt, sind sie dazu meist auch selbst in der Lage. Oder sie können auf ein Umfeld aus Familienangehörigen, Freunden und Partnern zurückgreifen, die das Startup-Projekt aus Begeisterung mit eigenen Mitteln unterstützen.

Ergänzend können Gründer in frühen Phasen zudem auf eine Reihe weiterer Finanzierungsmöglichkeiten zurückgreifen, um die eigene Idee zu konkretisieren. Diese umfassen zum Beispiel Inkubatoren, Accelerator Programme und staatliche Förderprogramme im Rahmen einer Zusammenarbeit mit Hochschulen und Forschungseinrichtungen.

Der Name Inkubator stammt aus der Medizin und bezeichnet einen Brutkasten für Frühgeborene. In der Wirtschaft stellen Inkubatoren seit über 30 Jahren Gründungszentren für Startups dar. Junge Unternehmer finden hier ein komplettes Umfeld vor, in dem sie ihr Vorhaben auf eigene Beine stellen können. Die Betreuung der Inkubatoren reicht von Beratung und Coaching über das Angebot an Laboren und Büroräumen – samt der Kommunikationsinfrastruktur – bis zur konkreten Finanzierung und umfassenden Dienstleistungsangeboten. Zu letzteren zählt unter anderem das Bereitstellen von wichtigem Know-how und Netzwerkkontakten durch operative Expertenteams. Auf diese Weise können junge Unternehmer gezielt forschen oder zum Beispiel lernen, Businesspläne effektiver zu formulieren, Teams sorgfältiger zusammenzustellen oder ihr Geschäftsmodell zu optimieren.

Ein wertvolles Beispiel für eine öffentliche Einrichtung ist der Life Science Inkubator in Bonn. Gesellschafter sind hier unter anderem die NRW.BANK, das Bundesministerium für Bildung und Forschung, das Ministerium für Innovation, Wissenschaft und Forschung des Landes NRW *(MIWF)*, namhafte Privatinvestoren und Forschungseinrichtungen wie die Max-Planck- und die Fraunhofer-Gesellschaft.

Neben meist solide finanzierten Angeboten der öffentlichen Hand gibt es heute auch eine Reihe privater Inkubatoren, die allerdings oft vor größeren finanziellen Herausforderungen stehen. Grundsätzlich erfordert die Rundum-Betreuung der Startups viel Kapital, das insbesondere für private Anbieter nicht leicht aufzubringen ist und sie unter enormen Erfolgsdruck setzt. Die aktuellen Akteure fordern daher nicht selten hohe Anteile von den Gründern. Um sich schnell zu refinanzieren, haben etliche von ihnen in den vergangenen Jahren zudem einen industriellen Ansatz verfolgt und möglichst viele junge Unternehmen begleitet. Ziel war es, die wirklich erfolgreichen herauszufiltern. Diejenigen, die sich am schnellsten positiv entwickelten, erhielten auch die größte Unterstützung. Das Ergebnis war jedoch oft mehr Masse als Klasse. Viele exzellente Ideen, die mehr Zeit für ihre Entwicklung erfordert hätten, sind dabei leider auf der Strecke geblieben. Für die Mehrzahl der Gründer bedeuteten die gestiegenen Anforderungen der privaten Inkubatoren nicht selten zu wenig operative Aufmerksamkeit und zu hohe Kosten für die angebotenen Leistungen in Relation zu den abgetretenen Anteilen. Um die qualitativ hochwertigen Anbieter ausfindig zu machen, sollten junge Unternehmer sich daher direkt umfassend mit den unterstützten Startups austauschen und nicht einfach den veröffentlichten Erfolgsgeschichten vertrauen. Darüber hinaus sollten sie sehr genau die Finanzkraft der Inkubatoren analysieren und prüfen, wie gut deren Kontakte im Kapitalmarkt wirklich sind. Denn die Gründerzentren bieten nur für einen begrenzten Zeitraum Unterstützung. Verläuft ein Startup-Projekt erfolgreich, wird der Zeitpunkt kommen, an dem eine Anschlussfinanzierung durch Dritte notwendig wird. Damit dieser Übergang so reibungslos wie möglich erfolgt, müssen Inkubatoren nicht nur gute Kontakte zu Business Angels und institutionellen Venture Capital-Gesellschaften pflegen. Gründer sollten auch sichergehen, dass diese Kontakte tatsächlich zu den Themen ihres Startups passen und bei den Kapitalgebern eine Bereitschaft für Investments in der Zukunft besteht.

Notwendige Unterstützung in der Ideenphase erhalten Startups auch bei den sogenannten Acceleratoren. Hierbei handelt es sich um zeitlich begrenzte Programme, mit denen Gründer ihr Projekt vor allem zu Beginn vorantreiben können. Während aber Inkubatoren auch bei der Entwicklung von Ideen helfen, unterstützen Acceleratoren nur bereits vorhandene Geschäftsmodelle. Anbieter dieser Beschleunigermaßnahmen sind unter anderem Universitäten oder staatliche Förderstellen. Aber auch vereinzelte Venture Capital-Gesellschaften oder Industrieunternehmen bieten zunehmend attraktive Angebote, die Gründer auf jeden Fall prüfen sollten. Die Accelerator-Programme bieten ihnen vor allem Zugang zu finanziellen Ressourcen, Kundennetzwerken und Know-how. Wichtigstes Element ist jedoch das Coaching durch einen Mentor. In den meisten Fällen müssen die Startups als Gegenleistung Geschäftsanteile an den Anbieter abtreten.

Oft übersehen Gründer in puncto Finanzierung noch eine weitere Option: die Unterstützungsprogramme der Bundesregierung, die schon bei der Konkretisierung einer Idee ansetzen. Eine effektive und hoch qualitative Maßnahme ist zum Beispiel die »Exist-Förderung« für Gründerteams aus dem Hochschulbereich oder in Forschungseinrichtungen. Voraussetzung für eine solche Förderung ist allerdings, dass eine Universität oder Forschungseinrichtung als wissenschaftlicher Begleiter gewonnen wird, da nur über diese entsprechende Anträge gestellt werden können. Zudem stehen diese Einrichtungen gegenüber den öffentlichen Förderstellen in der Verantwortung und müssen regelmäßig Bericht erstatten. Um also eine Universität oder Forschungseinrichtung zu überzeugen, sind Gründer darauf angewiesen, viel Überzeugungsarbeit zu leisten. Dies ist umso leichter, wenn Ideen nicht nur auf dem Papier bestehen, sondern etwa durch erste Experimente schon konkret nachvollziehbar sind. Auch wird die Ernsthaftigkeit eines Projekts dadurch unterstrichen, dass Gründer erkennbar ganzheitlich denken und den Stakeholdern ausführlich darlegen können, mit welchem Geschäftsmodell sie letztlich Geld verdienen wollen.

Weitere ergänzende Finanzierungsmöglichkeiten sind für Startups in der Ideenphase zudem die öffentlichen Fördertöpfe der EU, des Bundes und der Länder. Zu fast jedem Gründungsthema, von der Forschung und Entwicklung über die Finanzierung, den Kauf von Produktionsausstattungen, betriebswirtschaftliche Themen bis zu persönlichen Fragestellungen haben Gründer die Möglichkeit, Beratungen, Zuschüsse oder Kredite zu beantragen. Eine Übersicht über alle aktuellen Programme bietet die Internetseite www.foerderdatenbank.de.

DIE SEED-PHASE

Ist die Startup-Idee erst einmal konkretisiert, muss in der folgenden Seed-Phase der Grundstein für einen dauerhaften Kapitalfluss gelegt werden. Denn spätestens mit der rechtlichen Gründung des Unternehmens müssen Startups in der Lage sein, auf einen funktionierenden Innovationsprozess zurückgreifen zu können, um Hypothesen zu prüfen, das Leistungsangebot bestmöglich zu gestalten und ein passendes Geschäftsmodell zu etablieren, welches durch optimale Anpassung an Markt und Zielgruppen schnell Wachstum erzeugt. Ein Leistungsangebot mag bei den ersten begeisterten Kunden gut funktionieren. Schon morgen kann es jedoch grundlegender Veränderungen bedürfen, um größere Kundengruppen zu erreichen. Ein ständiges Infragestellen und fortlaufendes Anpassen des gesamten Geschäftsmodells ist daher unerlässlich *(siehe Kapitel 6)*. Um dies konsequent zu praktizieren, sind Gründer auf weiteres Know-how und Mitarbeiter angewiesen. Zudem werden in dieser Phase der Aufbau und die Skalierung der Organisation, der richtigen Geschäftsprozesse und IT-Systeme notwendig. All das erfordert exzellente Leute und lässt den finanziellen Bedarf je nach Unternehmenscharakter schnell auf mehrere hunderttausend Euro ansteigen.

Viele Gründer sind der Ansicht, dass Investoren junge Unternehmen, die eine Idee oder ein formuliertes Pitch Deck vorweisen, fast automatisch unterstützen – schließlich handelt es sich bei ihrem Projekt um eine ebenso tolle wie einzigartige Idee! Aber das ist ein Irrglaube. Der Großteil der Kapitalgeber engagiert sich nur, wenn das Startup reifer ist und die Risiken als bekannt und damit als beherrschbar gelten können. Das heißt: Ein Startup muss konkrete Entwicklungen vorweisen. Es muss zeigen, dass sein Leistungsangebot funktioniert und im besten Fall ersten Kunden geholfen hat. In der Fachwelt wird das Proof of Concept *(PoC)* genannt. Wer das nicht ernst nimmt und Investoren nur mit theoretischen Ausführungen überzeugen will, läuft Gefahr, sich bereits im Vorfeld zu disqualifizieren.

Ideale Kapitalgeber in dieser Phase sind oft die sogenannten Business Angels. Die Zahl dieser privaten Geldgeber steigt seit einigen Jahren deutlich an, während sich immer mehr institutionelle Venture Capital-Gesellschafter aus der Seedphase zurückziehen. Business Angels haben durch ihre Funktion als finanzielle Initiatoren für vielversprechende Innovationen in der Frühphase eines Unternehmens inzwischen eine große gesellschaftliche Bedeutung erlangt. Sie springen dort in die Bresche, wo institutionelle Investoren trotz hoher Potenziale das frühe Investitionsrisiko scheuen. Business Angels verschaffen etlichen vielversprechenden Startups durch ihre oft exzellenten Fach- und Branchenkenntnisse, ihr unternehmerisches Gespür für Erfolgsgeschichten und nicht zuletzt ihre Risikobereitschaft den entscheidenden Anschub. Bezüglich ihres Renditestrebens agieren sie wie institutionelle Venture Capitalisten und profitieren im Regelfall hauptsächlich von der erfolgreichen Reife eines Startups, wenn sie ihre Anteile wieder verkaufen.

Für die Suche nach geeigneten Business Angels sollten sich Gründer viel Zeit nehmen und genau recherchieren. Vertrauensvolle Business Angels nehmen die Rolle aktiver Gesellschafter ein, die den Gründern mit ihren unternehmerischen Erfahrungen den Rücken freihalten, damit diese sich voll und ganz auf den Aufbau ihrer Firma konzentrieren können. Dabei werden sie von ihnen mit entscheidenden Impulsen unterstützt, und wenn es erforderlich wird, packen die Business Angels selbst mit an, ohne ihren weitblickenden Abstand zum Startup zu verlieren.

In der Praxis werde ich immer wieder mit Gründern konfrontiert, die sich unter dem Druck, unbedingt Kapital mobil zu machen, ohne sorgfältige Auswahl auf den erstbesten Investor einlassen. In den meisten Fällen rächt sich das. Da nicht wirklich mit klarem Blick geprüft wurde, ob beide Seiten überhaupt zusammenpassen, knirscht es dann schon von Beginn der Zusammenarbeit an im Umgang miteinander. Ist der Business Angel zudem unerfahren und weiß nicht, was es heißt, ein Investment zu verlieren, droht sogar das Scheitern des gesamten Gründungsprojekts. Gerade wenn ein Investor schon einmal in anderen Vorhaben Kapital verloren hat und dennoch weiter aktiv bleibt, ist das ein gutes Zeichen für seine Einstellung gegenüber Startup-Investments. Dagegen sind unerfahrene Business Angels oft nicht stressresistent und neigen – aus Angst, Verluste einzufahren – dazu, nervös zu werden und überstürzt zu handeln, wenn der Startup-Prozess in eine Krise gerät. Mit einem solchen Verhalten muss ein Gründer vor allem dann rechnen, wenn er nur auf die Finanzkraft eines Investors achtet und nicht dessen Startup- und Unternehmer-Erfahrung hinterfragt. Vorsicht ist auch geboten bei erfolgreichen Managern, die sich als Geldgeber ausprobieren wollen und schnell danach streben, ein kleines innovatives Unternehmen nach den Spielregeln eines Konzerns zu führen. Wird der Business Angel dann noch von einem ausgeprägten Ego gesteuert, drohen Konflikte, die von der eigentlichen Herausforderung ablenken und im schlimmsten Fall das Aus des Startups bedeuten.

Wachsamkeit gilt aber auch bei den finanziellen Erwartungen. Ich kenne Projekte, bei denen Business Angels ausschließlich auf das schnelle Geld spekulierten. In den seltensten Fällen geht diese Strategie auf. Bleibt der schnelle Erfolg aus, wird die Zusammenarbeit eher eine Belastung als eine Hilfe für das Startup. Neben der grundsätzlichen Unsicherheit, die ein Gründungsvorhaben begleitet, führt solch eine Einstellung von Investoren bei Gründern zu Frust und Konflikten, weil sie unter enormen Druck geraten, die Kapitalgeber zufriedenzustellen zu müssen. Außerdem gefährdet diese Haltung notwendige Folgeinvestitionen. Die Finanzierung dauerhaft sichern zu können, ist jedoch ein entscheidendes Kriterium für einen guten Business Angel.

Der große Vorteil der Kooperation mit einem Business Angel ist für Gründer, neben der Erfahrung und dem Zugang zu einem Netzwerk, die enorme Flexibilität und unbürokratische Herangehensweise. Die privaten Geldgeber bringen gerne kleine bis mittlere Beträge ein, sie sind auf ganz bestimmte Branchen und Themen spezialisiert, sie wissen sehr genau, wann ein Startup-Projekt wie viel Kapital in welcher Form benötigt und setzen das auch erfolgreich um. Die Herausforderung in der Zusammenarbeit mit Business Angels liegt jedoch oft in ihrer mangelnden Finanzierungskraft in den wichtigen Wachstumsphasen. Da es sich bei diesen privaten Geldgebern meist um Einzelpersonen handelt, fehlt ihnen, auch wenn diese Investorengruppe derzeit immer kapitalstärker wird, oft das finanzielle Polster, Gründungsprojekte langfristig und nachhaltig zu begleiten.

So wertvoll Business Angels für Startups auch sind, selten werden Gründer bei kapitalintensiven Projekten nur mit ihnen alleine auskommen. Aus diesem Grund sollten sie von Anfang an konzeptionell auf mehrere Investoren setzen und ein starkes Syndikat formen. Nur dieses Zusammenspiel mehrerer Geldgeber erhöht auf Dauer die Erfolgschancen und den weiteren Zugang zu frischem Kapital. Bei einem Syndikat schließen sich mehrere Investoren zusammen, um den ersten Kapitalbedarf eines Startups gemeinsam zu stemmen. Gleichzeitig bilden die Kapitalgeber weitere Rücklagen, um die Entwicklung des Unternehmens in der Zukunft aktiv zu gestalten, denn nur selten läuft die Unternehmensentwicklung mit nur einer Finanzierungsrunde ab. Mit Hilfe eines Syndikats können Gründer den hohen Aufwand für die Kapitalbeschaffung massiv optimieren und sich ihren Kernaufgaben widmen. Darüber hinaus sichert eine solche Bündelung beiden Seiten Risikominimierung und höhere Leistungsfähigkeit.

Ein gutes Syndikat mit den richtigen Partnern ist zudem vertrauensbildend und erleichtert es Gründern, in Zukunft zusätzliche Kapitalgeber zu überzeugen, die zu ihren Interessen passen. Weitere Vorteile sind der Zugriff auf ein größeres Netzwerk sowie mehr verfügbares Know-how. Allerdings können verschiedene Meinungen und Interessen innerhalb eines Syndikats die Kommunikation sowie Entscheidungsfindung erschweren *(siehe auch Kapitel 11)*. Hier bedarf es Offenheit und klarer Strukturen im Miteinander.

Eine gute Möglichkeit für ein Syndikat in der Frühphase kann die Kombination aus Business Angels und dem Hightech-Gründerfonds II sein. Dieser Fonds, der gemeinsam vom Bundesministerium für Wirtschaft und Technologie und großen Unternehmen wie Deutsche Telekom, Metro oder Bayer finanziert wird, sorgt vor allem in der Anfangsphase für eine Anschubfinanzierung von bis zu 500.000 Euro. Die Unterstützung erfordert von Gründern allerdings ein Eigenkapital in Höhe von etwa 20 Prozent *(10 Prozent in den neuen Bundesländern einschließlich Berlin)*. Und genau diese Anforderung können Business Angels mit ihrem finanziellen Engagement übernehmen.

Als Alternative zu den Business Angels und dem Hightech-Gründerfonds II gibt es noch vereinzelte institutionelle Venture Capital-Gesellschaften, die bereit sind, in der Early Stage und Seed-Phase von Startups zu investieren. Ihre Zahl ist allerdings sehr gering und sinkt stetig.

DIE WACHSTUMSPHASE

Wenn der Proof of Concept erbracht ist und sich die ersten nachhaltigen Erfolge einstellen, haben Gründer schon vieles richtig gemacht. Im Idealfall heißt das zum Beispiel, dass die wesentlichen Schwachstellen im Geschäftsmodell optimiert sind, dass das Produkt seine Funktion bei ersten Kunden unter Beweis gestellt hat, dass klar ist, welche Käufergruppen wie angesprochen werden sollen oder regelmäßige Cashflows im Markt erzielt werden. Nicht selten benötigen Unternehmen in dieser Phase dann schnell Unterstützung im Millionen-Euro-Bereich, um ihr Produkt weiterzuentwickeln, die Forschung voranzutreiben, den Markt zu durchdringen und das Geschäftsmodell zu skalieren.

Wollen Startups dauerhaft wachsen und sich im Wettbewerb behaupten, sind sie ab dieser Phase auf finanzstärkere Kapitalgeber angewiesen, die institutionellen Venture Capital-Gesellschaften. Sie stellen sogenanntes Wagniskapital zur Verfügung und organisieren sich in Form von Fonds oder Beteiligungsgesellschaften. Die Wahl des richtigen Partners hängt unter anderem von der aktuellen Phase und der grundsätzlichen Ausrichtung eines Startups ab, da die einzelnen Kapitalgeber sich in der Regel auf verschiedene Themenschwerpunkte fokussieren.

Venture Capital oder Wagniskapital bezeichnet private, sprich: nicht börsennotierte unternehmerische Beteiligungen, die von Dritten an einem Unternehmensprojekt gehalten werden. Der wesentliche Vorteil dieser Finanzierungsform gegenüber dem klassischen Bankkredit ist ihr Status als Eigenkapital. Risikokapitalgeber verlangen weder, wie Banken, umfangreiche finanzielle Sicherheiten noch regelmäßige Erträge in Form von

Zinsen oder Tilgung. Wie ihr Name schon sagt, sind Venture Capitalisten bereit, Wagnisse einzugehen. Doch ganz ohne Sicherheiten geht es auch für die Risikokapitalgeber nicht. Um den Einsatz ihres Vermögens im Griff zu behalten und rechtzeitig bei Fehlentwicklungen gegensteuern zu können, erwarten sie Einfluss und Handlungsspielraum in »ihren« Unternehmen. Die Lösung heißt also Kapital gegen Mitsprache, eine Entscheidung, die sich Gründer reiflich überlegen müssen. Wer sich für diese Finanzierungsform entschließt, muss es daher als oberste Priorität sehen, eine exzellente Unternehmensentwicklung auf den Weg zu bringen und diese permanent fortzuführen. Denn je klarer und besser ein Geschäftsmodell ist und je nachdrücklicher Startups belegen können, dass ihr Business am Markt funktioniert, desto mehr Spielraum haben sie in der Verhandlung und Zusammenarbeit mit dieser Investoren-Gruppe. Ihr finanzielles Engagement lassen sich die Venture Capitalisten zudem gut bezahlen. Das Ziel ist ein gewinnbringender Verkauf ihrer Anteile nach drei bis acht Jahren. Die Spannbreite der erwarteten jährlichen Rendite liegt dabei je nach Risiko und Reifegrad des Projekts zwischen 25 und 50 Prozent.

Die Geschichte der Startup-Finanzierung mit Hilfe von institutionalisierten privaten Investoren ist in Deutschland noch relativ jung. Bis in die 70er-Jahre des 20. Jahrhunderts wurden Gründungsprojekte hauptsächlich durch Eigenmittel, Bankkredite, Freunde oder einzelne private Förderer finanziell getragen. Selbst noch vor etwas mehr als 20 Jahren entschied über die Finanzierungschancen der meisten Gründungsprojekte ausschließlich der Filialleiter der örtlichen Bank. Erst seit Mitte der 70er-Jahre können Gründer auch auf sogenanntes Venture Capital zurückgreifen. Vor allem durch die Entwicklung der Informationstechnologie und der Internetrevolution wurde dieser Bedarf kontinuierlich erweitert. Die Technologiesprünge brachten eine neue Generation von Firmen und Produkten hervor, deren Geschäftsmodelle innovative Finanzierungsformen verlangten. Bis zur Hochphase der New Economy Anfang des 21. Jahrhunderts wuchs die Venture Capital-Branche daher rasant an. Mit dem Platzen der Spekulationsblase 2001 und der 2008 einsetzenden globalen Finanzkrise begann der Markt jedoch wieder zu schrumpfen. Aktuell existieren in Deutschland laut offiziellen Zahlen vom Bundesverband der deutschen Kapitalbeteiligungsgesellschaften *(BVK)* rund 250 Beteiligungsgesellschaften, die in Startups investieren. Sie setzen sich aus Fonds, unabhängigen Beteiligungsunternehmen, Töchtern großer Konzerne und öffentlichen Organisationen zusammen. Betrachtet man die tatsächlichen Marktaktivitäten, scheint die Branche aber deutlich kleiner zu sein. Eine Übersicht über die wichtigsten Akteure bietet der Verband unter www.bvk-ev.de.

CO-FINANZIERER WEITEN DEN SPIELRAUM

Eine ergänzende Finanzierungsoption in der Wachstumsphase ist eine Beteiligung des von der Bundesregierung bereitgestellten ERP-Startfonds. Hierfür können sich junge Unternehmen qualifizieren, die nicht älter als zehn Jahre sind, höchstens 50 Mitarbeiter beschäftigen und maximal 10 Millionen Euro im Jahr umsetzen. Bis Ende September 2014 hat der Fonds in den

neun Jahren seines Bestehens knapp 500 Unternehmen mit
Beteiligungskapital der Kreditanstalt für Wiederaufbau *(KfW)*
in Höhe von 545 Millionen Euro unterstützt. Bevorzugte Emp-
fängerbranchen waren die Bio-, die Medizin-, die Umwelt- sowie
die Messtechnik, die Elektronik und die Software-Entwicklung.
Der ERP-Startfonds wurde als Antwort auf den Crash der New
Economy im Jahr 2005 gegründet. Angesichts weniger Früh-
phaseninvestoren schließt er eine entscheidende Lücke auf dem
deutschen Markt für Wagniskapital.

Die Förderung erfolgt, wenn die KfW das Projekt für gut
befindet und ein akkreditierter Venture Capitalist gefunden
wird, der die Rolle des Lead-Investors übernimmt. Im besten
Fall verdoppelt der Fonds, der nur einen finanziellen Beitrag
liefert, das Kapital der Venture Capitalisten um maximal bis zu
5 Millionen Euro, verteilt über mehrere Finanzierungsrunden.
Damit tritt die KfW nicht in Konkurrenz zu privaten Risikokapitalgebern. Vielmehr unterstreicht sie mit ihrer Beteiligung
den langfristigen Blick.

WAGNISKAPITAL: DER MOTOR FÜR WACHSTUM

Grundsätzlich agieren die meisten Venture Capital-Gesellschaften vorsichtig. Sie können es sich erlauben, diejenigen Projekte
auszuwählen, die die beherrschbarsten Risiken und das höchste
Potenzial aufweisen, denn die Nachfrage der Startups nach
finanziellen Mitteln übersteigt das Angebot der Venture Capitalisten deutlich. Die Messlatte in diesem Wettbewerb liegt für
Gründer damit sehr hoch.

Zudem bieten die privaten Wagnisfinanzierer neben Kapital eine Fülle von Zusatzleistungen wie zum Beispiel die Unterstützung bei der weiteren Unternehmensentwicklung. Gründer müssen allerdings in jedem Fall genau prüfen, ob sie diese Unterstützung benötigen und ob diese Angebote nicht bloße Lippenbekenntnisse sind.

Um ihre Risiken zu minimieren, investieren alle Venture Capitalisten in Portfolios. Das heißt, sie verteilen ihr Kapital gleichzeitig auf mehrere Unternehmen. Die Auswahl der Projekte ist meist auf bestimmte Branchen beschränkt. Nur so können ein effektiver Know-how-Transfer sowie zusätzliche Synergien zwischen den Beteiligungen gewährleistet und eine inhaltlich kompetente Beurteilung der Projekte ermöglicht werden. Zudem minimieren die Investoren durch die Spezialisierung ihr Risiko. Im Schnitt entwickeln sich aus zehn Investments erfahrungsgemäß ein bis zwei wirkliche Erfolgsgeschichten. Die Quote verdeutlicht, unter welchem Druck beide Parteien gleichermaßen stehen. Eine Zusammenarbeit bis zum voraussichtlichen Exit kann daher nur dann erfolgreich sein, wenn beide Seiten ein gegenseitiges Verständnis füreinander entwickeln und ihr Handeln ganzheitlich darauf ausrichten.

In der Zusammenarbeit mit institutionellen Venture Capital-Gesellschaften können Startups grundsätzlich zwischen zwei Anbieterformen wählen. Einerseits gibt es die klassischen Organisationen, die Fonds auflegen und verwalten. Diese Risikokapitalgeber bringen aus ihrem eigenen Vermögen Eigenkapital ein und sammeln das restliche Kapital von weiteren Fondsanlegern ein. Nachteilig für Startups ist hier die geringere Flexibilität, da diese Gesellschaften meist vor den externen Investoren abhängig und an einen festen Zeitrahmen – in der Regel zehn Jahre – für die Beteiligung gebunden sind. Die Begrenzung des Investments stellt jedoch gerade in puncto Wertentwicklung von Hightech-Startups eines der größten Probleme dar, da dieser Typ Jungunternehmen oft mehr Zeit benötigt. Für diese Gruppe von Startups wäre daher eine Zusammenarbeit mit sogenannten Evergreen-Investoren eine attraktive Alternative. Diese Kapitalgeber treten in der Regel als unabhängige Beteiligungsgesellschaften auf und investieren zeitlich unabhängig.

INDUSTRIELLE PARTNER

Weitere effektive Partner in späteren Gründungsphasen sind die zunehmend zahlreicher in Erscheinung tretenden Corporate- oder strategischen Investoren. Sie können grundsätzlich eine Alternative zu den institutionellen Venture Capital-Gesellschaften darstellen. Hierbei handelt es sich um mittelständische Unternehmen oder Konzerne, die in einem industriellen Markt führend sind und gleichzeitig selbst oder mit eigenen Beteiligungsgesellschaften nach innovativen Investment-Möglichkeiten am Rande ihrer eigenen Geschäftsmodelle Ausschau halten. Wettbewerbsdruck, Nachahmerprodukte oder sinkende Erträge fordern sie laufend dazu auf, ihre Zukunft durch Innovationen zu sichern.

Die Vorteile für Gründer, die sich einen solchen Partner ins Boot holen, sind zahlreich. Durch die unternehmerische Ausrichtung dieser Investorengruppe erhält das Startup eine hohe

Professionalität und klare Ausrichtung, etwa durch zusätzliches Know-how, Schutzrechte oder guten Marktzugang. Zudem verfügen diese Investoren über versierte Fachkräfte und eine hohe Urteilskraft. In Kombination mit zahlreichen unterstützenden Angeboten wie der Bereitstellung von Komplementär-Technologien oder räumlichen Kapazitäten bieten sich Startups dadurch viele Synergie-Effekte, etwa bei der Entwicklung von Produkten oder der Ansprache weiterer Kundengruppen.

Damit Gründer jedoch nicht von einem starken Partner dominiert werden, sollten sie sehr genau prüfen, ob sie in den Verbund mit einem industriellen Kapitalgeber integriert werden wollen. Corporate Investoren streben mit ihrem Engagement vor allem danach, neue Potenziale zu kreieren, um ihr eigenes Geschäft auszubauen. Sie sind zwar indirekt auch an Erträgen interessiert, wichtiger aber sind ihnen Synergien, die schließlich in eine Übernahme des Startups münden können. Beide Seiten profitieren dann, wenn sie bereit zur Kooperation sind und eine Übereinstimmung ihrer Geschäfts- und Produkt-Strategien erzielen. Aus Gründersicht ist das allerdings nur möglich, wenn sie eine qualitative Erfindung oder ein innovatives Produkt vorweisen, für das es einen großen Markt gibt. Das Vorhandensein einer disruptiven Innovation ist meiner Erfahrung nach das Schlüsselkriterium für die Zusammenarbeit mit industriellen Partnern und schafft die Basis für eine gute Verhandlungsposition. Um den Einfluss eines industriellen Partners zu begrenzen und eine Balance zwischen den unterschiedlichen Interessen zu erreichen, bieten sich auch hier Investoren-Syndikate an, in denen die Corporate-Kapitalgeber nur eine Gruppe von weiteren Finanziers sind.

DIE FINANZKRAFT DER NETZGEMEINDE

Eine neue Form der Finanzierung gewinnt seit einigen Jahren
für Startups an Bedeutung: Das Crowdfunding oder Crowdinvesting. Der Begriff setzt sich aus den beiden englischen Wörtern crowd *(Menge)* und funding *(Finanzierung)* zusammen.
Crowdfunding existiert in vier verschiedenen Ausprägungen:
donation-based *(spendenbasiert)*, reward-based *(gegenleis-
tungsbasiert)*, lending-based *(kreditbasiert)* oder equity-based
(beteiligungsbasiert). Die Finanzierungsform des Crowdfunding
wird in Deutschland zunehmend von Gründern in Anspruch
genommen. Dabei sammeln Startups finanzielle Mittel etwa für
Geschäftsideen, die Herstellung von Produkten oder die Entwicklung von Technologien, indem sie ihre Ideen einer Vielzahl
von Personen im Internet präsentieren und sie gleichzeitig zur
Unterstützung aufrufen. Je nach konkreter Ausgestaltung des
Crowdfundings können die Geldgeber als Gegenleistungen für
den zur Verfügung gestellten Finanzierungsbetrag zum Beispiel
Produkte *(reward-based Crowdfunding)* oder aber auch eine
Beteiligung am unternehmerischen Erfolg des Startups *(equity-
based Crowdinvesting)* erwarten.

Die Crowdinvesting-Plattformen besitzen vor allem in der
Frühphase ein hohes Potenzial als alternatives Instrument für
die Startup-Finanzierung, das jedoch in besonderem Maße vom
konkreten Geschäftsmodell abhängt. Hochtechnologische Projekte, die in der Anfangsphase ein hohes Finanzierungsvolumen
benötigen, bevor Umsätze zu erwarten sind, und die im Übrigen wenig Bezug zur Crowd im Internet haben, sind für diese
Art der Kapitalbeschaffung eher ungeeignet. Interessant ist das

Crowdinvesting insbesondere für Startups, die in der Internetgemeinde auch potenzielle Kunden sehen. Gründer müssen sich aber darüber im Klaren sein, dass beim Crowdinvesting von Anfang an Transparenz gefordert wird. Der Erfolg vieler Innovationen gründet sich jedoch oft darauf, dass die Startups ihre Konzepte einige Zeit im Verborgenen entwickeln können. Der Einsatz eines Crowdinvesting sollte daher sehr sorgfältig geprüft werden und zu einer langfristigen Finanzierungstrategie passen. Die führenden deutschen Anbieter-Plattformen sind Seed-Match und Companisto, ebenso interessant können kleinere Plattformen wie Innovestment oder Fundsters sein.

Trotz des hohen Potenzials ist der Einsatz der meisten Crowdinvesting-Plattformen bislang für Startups eher ein Nachteil, vor allem, wenn sie in der Folgefinanzierung klassische Venture Capital-Investoren ansprechen möchten. Die Gründe sind hier zum einen die noch fehlende Erfahrung der Investoren mit crowdfinanzierten Unternehmen und zum anderen das mit vielen einzelnen Geldgebern verbundene Konfliktrisiko. Ein solches besteht insbesondere dann, wenn eine Vielzahl von Investoren Einzelverträge mit dem Startup schließt. Vereinzelt sind daher die Plattformen dazu übergegangen, die Investoren in einer separaten Gesellschaft zu bündeln, die sich anschließend an dem Startup beteiligt. Auf diese Weise werden spätere Exits und Folgefinanzierungen deutlich vereinfacht. Darüber hinaus sollten Startups darauf achten, dass sie möglichst echtes Eigenkapital erhalten, wenn sie spätere Finanzierungsrunden planen. Dadurch werden Bilanz und Bonität gestärkt, da es zeitlich unbeschränkt bereitgestellt wird und keiner Rückzahlungsverpflichtung unterliegt. Fremdkapital ist dagegen immer ein Schuldverhältnis, welches zu einem Rückzahlungsanspruch führt. Die Bündelung von Crowd-Investoren in einer Gesellschaft mindert daher nicht nur die Gefahr von Rechtsstreitigkeiten mit einzelnen Kapitalgebern. Auf diesem Wege können die Verträge zwischen der Crowd-Investorengesellschaft und dem Startup zudem an die Regelungen von Venture Capital-Finanzierungen angelehnt werden.

Startups müssen also genau prüfen, welche Rahmenbedingungen die einzelnen Crowdinvesting-Plattformen für die Finanzierung bieten und gezielt nach Nachteilen und Risiken fragen. Nur ein Angebot, das auf einem soliden Fundament steht, kann einen wichtigen Baustein im Finanzierungsmix eines Startups darstellen und weitere Kapitaloptionen wie Bankkredite oder Co-Investitionen möglich machen.

Eine langfristige Attraktivität von Crowdinvesting ist allerdings nur dann gegeben, wenn die Investoren das in diese Anlageform gesetzte Vertrauen nicht verlieren. Es wird daher wichtig sein, dass der Gesetzgeber einen klaren Rahmen setzt, in dem sich diese Finanzierungsform entwickeln kann, gleichzeitig aber die Anleger angemessen geschützt werden.

VERHANDLUNGSPOSITION STÄRKEN

Trotz der vielfältigen Möglichkeiten, ein Startup zu finanzieren, bleibt es für Gründer eine große Herausforderung, den passenden Partner zu finden. Denn in jeder Finanzierungsphase gibt es nur wenige Kapitalgeber, die tatsächlich für eine erfolgreiche Zusammenarbeit geeignet sind, und nicht immer sind Startups in der komfortablen Situation, sich den idealen Partner aussuchen zu können. Gründer müssen daher genau wissen, was sie wollen. Als Entscheidungsbasis sollten sie auf den Einfluss achten, den Investoren ausüben möchten, um ihr Engagement abzusichern. Grundsätzlich tun sie dies auf zwei Arten: Die Kapitalgeber fordern Mitsprache oder wollen Einfluss über konkrete Mitarbeit ausüben. Beides werden sie sich vertraglich zusichern lassen.

Es gibt Investoren, die bereits unternehmerisch aktiv waren und ihre Erfahrungen nun in Form von finanziellen Beteiligungen gewinnbringend einsetzen wollen. Diese Gruppe verfolgt sehr oft einen unternehmerischen Geist und möchte mitgestaltenden Einfluss auf die Entwicklung des Startups nehmen. Somit sind diese Investoren präsent im Tagesgeschäft. Andere Kapitalgeber orientieren sich dagegen ausschließlich an der Rendite und agieren eher passiv in Bezug auf das operative Mitwirken.

Je nachdem, welche Investorengruppe sich für das Startup interessiert, bedeutet das für die Gründer: Wenn sie ihre Verhandlungsposition gegenüber den Kapitalgebern stärken wollen, müssen sie eine möglichst gute Unternehmensentwicklung vorweisen, Risiken stetig minimieren und alles dafür tun, dass ihr Geschäft exzellent läuft. Wer das erfüllt, hat gute Karten, einen Wettbewerb um die Beteiligung zu entfachen.

Jede gute Finanzierungsstrategie beginnt daher schon in der Ideenphase mit der Wahl der richtigen Unterstützer und Investoren. Nur so schaffen Startups die Voraussetzungen dafür, auf Dauer die notwendigen finanziellen Mittel für ihr

Vorhaben zu gewinnen und vor allem einen Kapitalgeber zu finden, mit dem sie gut harmonieren, der ihre Risiken mitträgt und sein Know-how mit einbringt. Allerdings muss das günstigste Angebot nicht immer das beste sein. Letztlich entscheiden über den Erfolg einer Beteiligung immer die im Einzelfall ausgehandelten vertraglichen Spielregeln der Zusammenarbeit. Zudem darf nicht vergessen werden: Finanzierungskooperationen werden immer von Menschen gestaltet, das heißt, »die Chemie« muss stimmen. In einem Bieterwettbewerb kommen Gründer deshalb vielleicht zu dem Ergebnis, einen Investor auszuwählen, mit dem sie gut harmonieren, der aber einen höheren Anteil fordert.

Eines sollten Gründer keinesfalls aus den Augen verlieren: Mit dem ersten durch Wagniskapitalgeber investierten Euro sind sie nicht mehr alleiniger Herr ihres Unternehmens und entscheiden von diesem Punkt an über wesentliche Fragen nicht mehr allein. Zwar wird die Kooperation mit Investoren in der Regel als Minderheitsbeteiligung vereinbart. Von ihren ausgehandelten Rechten her nehmen Investoren jedoch oft eine Mehrheitsposition ein. So lassen sich Venture Capitalisten oder auch Business Angels generell ausführliche Informationsrechte über die geschäftliche Entwicklung, die Mitbestimmung bei Fragen des Budgets, des Personals, vertraglichen Regelungen und allen Themen der Geschäftsstrategie sowie die Mitveräußerungspflicht der Gründer im Falle eines Exits zusichern. Letzteres bedeutet, dass ein Investor das Gründerteam dazu zwingen kann, seine Anteile bei Interesse eines Käufers – meist nach einer gewissen Zeit – mit abzustoßen. Viele Risikokapitalgeber bestehen auch darauf, die Gründer als Geschäftsführer absetzen zu können, wenn die gesteckten Ziele verfehlt werden.

Unabhängig davon sollten die jungen Unternehmer bereit sein, Verständnis für den Investor zu entwickeln und nicht nur aus ihrer Position heraus zu agieren. Schließlich geht es in der Zusammenarbeit immer um Transparenz. Nur wenn beide Parteien gemeinsam das bestmögliche für das Projekt geben, kann es sich erfolgreich entwickeln. Zudem stehen die Vertreter der Venture Capital-Gesellschaft – ebenso wie die Gründer – selbst unter enormem Druck, nicht nur, weil sie hohe Risiken eingehen und oft vom Kapitalmarkt abhängig sind. Sie müssen sich mit ihrem Projekt vor allem intern gegenüber der Geschäftsführung und dem Aufsichtsrat oder Investment-Komitee verantworten. Letztlich hängt ihr persönlicher Erfolg von einer positiven Wertentwicklung des Startups ab, die sie nur dann optimal beeinflussen können, wenn sie umfangreich über das Projekt informiert sind und ihre Erfahrungen vollständig einbringen können. Lassen sich Investor und Gründer darauf ein, fair und respektvoll miteinander umzugehen, steht dem jedoch nichts mehr im Wege und ihr gemeinsames Handeln kann Berge versetzen.

TAKE AWAYS

Venture Capital ist für den Aufbau von Startups unverzichtbar, da die Mehrheit der Unternehmen die Sicherheitsauflagen der Banken für eine Kreditfinanzierung nicht erfüllen.

~

Die Kooperation mit Risikokapitalgebern und Business Angels bedeutet für Gründer, dass sie ihr Unternehmen teilweise verkaufen und Rechte teilen müssen.

~

Das Anwerben von mehreren Investoren in Form eines Syndikats verleiht Startups Unabhängigkeit von einzelnen Kapitalgebern.

~

Venture Capitalisten investieren nur in Startups, die in einem Wachstumsmarkt aktiv sind und ein Wertversprechen vorweisen, das der Konkurrenz weit überlegen ist.

~

Industrielle Partner sind aufgrund ihrer unternehmerischen Erfahrung vor allem für technologieorientierte Startups eine effiziente Finanzierungsform.

~

Business Angels sind für Gründer vor allem in der Anfangsphase ein wesentlicher Investmentansatz, weil Venture Capitalisten das Risiko einer wirklichen Frühphase scheuen.

»Die Zusammenarbeit mit Corporate Venture Capitalists ist für Gründer
oftmals weit attraktiver als die mit institutionellen Kapitalgebern.
Zusätzlich zur finanziellen Beteiligung bieten diese nämlich häufig Mehrwerte,
die sich doppelt und dreifach auszahlen.«

DIRK STADER

GESCHÄFTSFÜHRER, MEDIA VENTURES GMBH

Der Weg zum
RICHTIGEN
Investor

9

9 DER WEG ZUM **RICHTIGEN** INVESTOR

Auf der Suche nach langfristigen Kapitalquellen sind Start-ups einer großen Konkurrenz ausgesetzt. Nur wer mit größter Sorgfalt vorgeht und sich mit den Besonderheiten aller Finanzierungsoptionen umfassend vertraut macht, wird Investoren erfolgreich für sich gewinnen – und den entscheidenden Erstkontakt, die Grobprüfung und das Term Sheet in eine vertrauensvolle und gemeinsam auf Wachstum ausgerichtete Zusammenarbeit verwandeln.

Gründer, die sich auf der Suche nach einem geeigneten Geldgeber befinden, müssen sich über eines im Klaren sein: Sie sind einem Investor nicht ausgeliefert. Letztlich haben sie es selbst in der Hand, wen sie für eine Kooperation auswählen und wie stark sie den Investor einbinden. Voraussetzung ist allerdings, dass sie sich von Anfang an über potenzielle Wagniskapitalgeber umfassend informieren und die Mühe einer regelmäßigen Selbstanalyse nicht scheuen, denn die Wahl des richtigen Investors hängt entscheidend von der eigenen strategischen Ausrichtung und dem Reifegrad ab, in dem sich ein Startup befindet. Je nachdem, wie man seine Ziele definiert hat und in welcher Phase der Unternehmensentwicklung man sich gerade befindet, kommen jedoch nur ganz bestimmte Kapitalgeber in Frage – und das sind in der Regel, trennt man die Spreu vom Weizen, nicht mehr als eine Handvoll.

FRÜHZEITIG INFORMIEREN

Bereits vor der Unternehmensgründung sollten sich Gründer intensiv über potenzielle Geldgeber informieren. Für eine Kontaktaufnahme ist es in diesem Stadium noch zu früh, denn wer noch nichts Konkretes vorweisen kann, sollte nicht schon die kostbare Zeit der Investoren in Anspruch nehmen. Aussichtsreiche Finanzierungsoptionen können ansonsten schnell verschlossen sein. Einen ersten Überblick über die Angebote und Philosophien der Investoren bieten deren Webseiten. Viel wichtiger ist allerdings im weiter fortgeschrittenen Startup-Stadium der direkte Kontakt, etwa auf Fachveranstaltungen oder Messen. Dort können Gründer erste Kontakte knüpfen und Schritt für Schritt zu einem Netzwerk ausbauen, Erfahrungen sammeln und vor allem einen Eindruck davon gewinnen, wie die Kapitalgeber investieren, wie sie arbeiten, wer überhaupt für das eigene Geschäft interessant ist und wer der richtige persönliche Ansprechpartner ist. Auch bietet sich ihnen eine hervorragende Gelegenheit, das eigene Projekt vorsichtig vorzustellen, mögliche Synergien in der Zukunft auszuloten oder Kontakte zu anderen Geldgebern zu erhalten. Zudem erfahren sie viel über die Vorgehensweise der Kapitalgeber. So gibt es Investoren, die im Monat nur sehr wenige Termine mit interessanten Startups durchführen. Diese Akteure legen viel Wert auf eine gründliche Voranalyse und Auswahl. Andere Investoren wiederum agieren oberflächlicher und suchen jeden Tag das Gespräch mit potenziellen Beteiligungskandidaten, ohne sie schon im Vorfeld einer genaueren Prüfung zu unterziehen. Ebenso gibt es Kapitalgeber, die nur aufgrund einer Empfehlung aus ihrem Netzwerk aktiv werden oder sich nur durch dritte Investoren zu einem Deal einladen lassen. Die Gründer selbst können durch Businessplan-Wettbewerbe oder Acceleratoren-Programme auf sich aufmerksam machen; auch kann der Weg über Gespräche mit bereits existierenden Portfoliounternehmen von Kapitalgebern geeignet sein, Investoren kennenzulernen.

Die unterschiedliche Vorgehensweise der Venture Capitalisten ist für den Ablauf des gesamten Prozesses der Kapitalsuche maßgeblich entscheidend. Sorgfältig vorgehende Investoren, die Startups zu einem Termin einladen, sind in der Regel sehr gut vorbereitet und haben ein echtes Interesse an dem Projekt. Diese Geldgeber werden alles daran setzen, die Gründer aus der Reserve zu locken.

Weitere wichtige Informationen, die Startups unbedingt vorab einholen sollten, sind die Fragen danach, wie die jeweiligen Fonds oder Gesellschaften finanziert werden, über welche Netzwerke und vor allem welche Erfahrungen als verantwortliche Lead-Investoren sie verfügen – besonders wichtig bei kapitalintensiven Projekten –, welche Beteiligungserfolge sie vorweisen können, oder ob der Kapitalgeber ihrer Wahl bei weiteren Finanzierungsrunden zu Folgeinvestitionen bereit ist. Ein wichtiger Gesichtspunkt bei der Auswahl ist zudem die durchschnittliche Kapitalbereitstellung pro Deal und bei Fonds die Restlaufzeit, denn im Falle eines Fonds, der in zwei bis drei Jahren abgewickelt werden soll, legen die Investoren den Fokus auf den Verkauf ihrer Anteile. Hier sei noch einmal daran erinnert, dass, neben dem Fondsprospekt, aktuelle oder frühere Beteiligungen von Venture Capitalisten eine der zuverlässigsten Informationsquellen darstellen. Gründer, die sich bereits frühzeitig so intensiv mit den Finanzierungsquellen auseinandersetzen, ersparen sich den späteren aufwendigen und zeitintensiven Akquisitionsprozess, der dann vielleicht nur noch mit Hilfe eines Beraters Erfolg hat. Auf diese Weise gut vorbreitet, verfügen sie über gute Kontakte zu Entscheidern und wissen genau, welche Kapitalgeber für sie in welcher Phase in Frage kommen.

Sinnvoll ist es auch, Unternehmen, die von Venture Capitalisten bereits finanziert wurden, über deren Erfahrungen zu befragen. Wie Investoren in der alltäglichen Zusammenarbeit wirklich agieren, zeigt sich schließlich immer an dem, was nicht so gut läuft. Diese Informationen erleichtern die Auswahl und sind eine wichtige Basis für ein späteres Erstgespräch, in dem es gilt, den Investor persönlich vom Potenzial der eigenen Geschäftsidee zu überzeugen. Ein Pitch Deck oder das Investoren-Memorandum ohne dieses Wissen und einen ersten Kontakt an Investoren zu verschicken, ist einer der größten Fehler, den Gründer begehen können. Ohne genaue Information über die Erwartungen des Gegenübers ist keine punktgenaue Ansprache möglich. Erst dieses Wissen verleiht dem Prozess eine ordnende Struktur, weil auch klare Zeitvorgaben vorab festgelegt werden – zum Beispiel, wann Investoren welche Unterlagen brauchen, und wann von ihrer Seite mit einem Feedback zu rechnen ist. Durch aktiven Dialog können Gründer Verbindlichkeit einfordern; die aber ist nicht zu erreichen, wenn man wahllos Investoren anschreibt. Sucht etwa ein Unternehmer eine Finanzierung für den Bau eines Prototypen und spricht dann einen Wachstumsinvestor an, geht das Gespräch schnell nach hinten los, und im schlimmsten Fall versiegt eine für die Zukunft attraktive Kapitalquelle. Für solche Finanzierungen sind Business Angels oder spezialisierte Innovations-Finanziers die besseren Ansprechpartner. Aber auch in diesen Fällen sollten Gründer schon erste Mock-ups oder Vor-Prototypen vorweisen, um ihre Ernsthaftigkeit unter Beweis zu stellen. Startups müssen also genügend Zeit für den gesamten Prozess der Kapitalsuche einplanen. Zeitdruck und steigender Finanzierungsbedarf erhöhen automatisch die Verhandlungsmacht der Investoren.

VERSCHÄRFTER WETTBEWERB UM KAPITALQUELLEN

Angesichts der sehr unterschiedlichen Ausrichtungen der Kapitalgeber erfordert die Wahl der richtigen Finanzierungsquelle von Gründern also neben Know-how auch viel Geduld. Schließlich kann der Prozess, bis überhaupt Geld fließt, leicht bis zu einem Jahr dauern. Doch noch aus einem anderen Grund ist die umfassende Auseinandersetzung mit den potenziellen Investoren und ihrer Art zu arbeiten, unerlässlich. Jedes Jahr werden die bekannten und etablierten Beteiligungsgesellschaften von bis zu 1.500 Businessplänen überschwemmt. Oft erhalten nicht mehr als drei davon am Ende grünes Licht für eine Finanzierung. Venture Capitalisten haben eine sehr genaue Vorstellung davon, wie ein ideales Startup für ihr Engagement aussehen sollte, und analysieren anhand einer Grobprüfung umfassend, ob ein Gründungsprojekt dieses vorab festgelegte Profil, zum Beispiel in Form von ABC-Kategorien, erfüllt. Vorhaben, die nicht valide sind, haben dabei überhaupt keine Chancen. Die Auslesekriterien sind vielfältig. Für manche Investoren fallen zum Beispiel alle Startups durchs Raster, die nicht das Potenzial haben, in ihrem Segment zur Nummer eins aufzusteigen. Es kann also durchaus vorkommen, dass auch ein vielversprechendes Unternehmen, das alles richtig gemacht hat, abgelehnt wird, weil es der Investitionsstrategie des Kapitalgebers nicht entspricht. Wer also einen Investor von seinem Vorhaben überzeugen will, muss exzellent auf dessen Erwartungen vorbereitet sein.

Dabei müssen sich Gründer immer wieder vor Augen führen, dass Risikokapitalgeber mit ihrem Engagement Rendite erzielen wollen. Investoren erwarten Startups, die dieses Potenzial aufweisen und unverbraucht sind – sprich: Sie suchen Exklusivität. Zu oft musste ich in der Vergangenheit erleben, wie Startups sich durch eine rein quantitative Präsentation bei der Investorensuche selbst disqualifizierten.

Um die in Frage kommenden Risikokapitalgeber zu identifizieren, bietet sich für Startups zunächst eine einfache Analyse der momentanen Finanzierungssituation an. Der in diesem Zusammenhang wichtige Reifegrad lässt sich am besten in einer Selbsteinschätzung mit anderen Gründern ermitteln, die Erfahrungen mit Venture Capitalisten gesammelt haben und bereits einige Finanzierungsrunden durchlebt haben, oder mit der Unterstützung eines externen Beraters, für den dasselbe gilt. In einem ersten Schritt bestimmen die Gründer dabei Branche, Gründungsphase und ihren Kapitalbedarf. Mit diesen Ergebnissen lassen sich bereits viele ungeeignete Investoren herausfiltern. Im zweiten Schritt müssen die Gründer dann die verbleibenden potenziellen Venture Capitalisten anhand ihrer verfolgten Investitions-Strategie, der bevorzugten Zeiträume, der Kapitalverfügbarkeit, der angebotenen Zusatzleistungen, der durchschnittlichen Beteiligungshöhe, ihrer Erfahrungen im Markt wie auch als Teilnehmer in einem Syndikat und ihrer erfolgreichen Exits bewerten und auswählen. Eine vielversprechende Anlaufstelle, um regionale Kontakte zu Investoren zu erhalten, sind Netzwerke, wie sie von der NRW.BANK oder dem Private Equity Forum NRW angeboten werden. Wer dagegen deutschlandweit seine Fühler austrecken möchte, sei an den Bundesverband Deutscher Kapitalbeteiligungsgesellschaften *(BVK)* e. V. verwiesen. Einen direkten Draht zu Business Angels finden Startups durch das Business Angel Netzwerk Deutschland *(BAND)* unter www.business-angel.de. Weitere Anlaufstellen können Ihnen auf Anfrage vom Autor genannt werden.

ÜBERZEUGENDE ZUKUNFTSPLANUNG

Bevor Startups nun mit den favorisierten Investoren in Kontakt treten, sollten sie sichergehen, dass sie über eine fundierte Zukunftsplanung oder »Equity Story« verfügen. Und die sollten sie nicht für die Investoren, sondern zuallererst für sich selber verfassen. Nur dann ist das Konzept authentisch. Die Gründer müssen dabei ihr Geschäftsmodell leicht verständlich darlegen und anhand von Fakten zeigen, dass sie ein profitables und nachhaltiges Geschäft entwickeln, in das es sich zu investieren lohnt. Zu den wichtigsten Elementen einer Equity Story zählen, noch einmal zusammengefasst, ein klares Wertversprechen, ein profitables Geschäftsmodell, eine plausible Go-to-Market-Strategie, eine umfassende Markt- sowie Wettbewerbsanalyse, ein realistisches Zahlenwerk, ein schlagkräftiges Team und eine detaillierte Risikoanalyse.

Die obigen Kriterien für eine erfolgreiche Zukunftsplanung sind eine Richtschnur. Sie fordern Gründer auf, sich um eine perfekte Vorbereitung zu bemühen *(siehe Kapitel 7)*. Natürlich können trotzdem noch Unstimmigkeiten auftreten – ein Team muss vielleicht erst noch zu seiner idealen Zusammensetzung finden, oder die Value Proposition kann Nachbesserungen vertragen. Nur müssen Gründer vorher wissen, dass es Investoren gibt, die damit leben können, während andere von Anfang an Perfektion verlangen. Risikokapitalgeber wollen Fakten, Fakten, Fakten und den Beleg, was die Gründer zu welchen Kosten realisieren und wie sie den Unternehmenswert dauerhaft steigern wollen. In vielen Fällen reicht den Investoren dazu ein Kurzkonzept, um mit ihnen nach der Kontaktaufnahme in einen ersten konkreten Dialog zu kommen. Anderen genügt die Präsentation, ein sogenanntes Pitch Deck. Und wieder andere wollen direkt das Investoren-Memorandum sehen. Mit der Planung des ersten persönlichen Präsentationstermins ist eine aussagekräftige Vorab-Information jedoch unabdingbar. Eine Nachfrage über die Erwartungen lohnt sich, um gut vorbereitet mit den richtigen Unterlagen in das erste Gespräch mit den Risikokapitalgebern zu gehen. Bezüglich ihres eigenen Wissens, etwa der Mechanismen des Geschäftsmodells, sollten Gründer anfangs Vorsicht walten lassen. Die Forderung nach einer Verschwiegenheitsvereinbarung zum Schutz des eigenen Know-hows erfordert immer ein sorgfältiges Abwägen. Die verfrühte Frage danach kann leicht als fehlendes Vertrauen gegenüber den Investoren interpretiert werden und zu einer schlechten Grundstimmung führen. Das ganze Venture Capital-Geschäft basiert auf diesem Vertrauen, und die Erfahrung zeigt, dass diejenigen Teams, die ein großes Geheimnis aus ihrem Projekt machen, auch die schlechtesten Konzepte haben! Eine Verschwiegenheitserklärung macht immer dann Sinn, wenn eine wirkliche Annäherung stattgefunden hat und auf beiden Seiten Interesse füreinander besteht, oder wenn ganz konkretes technologisches Wissen offenbart werden soll. Aus Gründen der Fairness sollte jeder Investor dann so ein Papier unterzeichnen.

DER ERSTKONTAKT ALS SCHLÜSSEL ZUR FINANZIERUNG

Die Tür zu Investoren öffnet sich Gründern umso leichter, wenn sie von einem ebenso vertrauenswürdigen wie erfahrenen Geschäftspartner eingeführt werden, zumal für den Erstkontakt sehr viel Fingerspitzengefühl erforderlich ist. Die Entscheidung, ob sie diesen Weg wählen, sollte allerdings schon vorher fallen – also nicht erst dann, wenn alle relevanten Kontakte durch eigenes unprofessionelles Vorgehen verbrannt wurden. Eine der entscheidenden Aufgaben liegt daher darin, bereits frühzeitig ein Netzwerk aus einflussreichen Kontakten aufzubauen, aus Ratgebern, Mentoren und Geschäftspartnern, die Investoren nahestehen. Welchen Kontaktweg auch immer sie einschlagen, den Unternehmern muss bewusst sein: Für die Investment-Manager als Vertreter der Wagniskapitalgeber ist Zeit kostbar. Gründer oder ihr Netzwerk sollten deshalb erst dann den Kontakt aufnehmen, wenn wirklich ein fundiertes Geschäftskonzept, erste Mock-ups oder ein Vor-Prototyp vorliegt und sie ihre Ernsthaftigkeit unter Beweis stellen können – auf die es immer ankommt. Keinesfalls darf man sich von dem Irrglauben, der gute Draht eines Geschäftspartners zum Investor verschaffe automatisch einen Bonus, zu Nachlässigkeiten verleiten lassen.

Schon beim Erstkontakt und dem folgenden Präsentationstermin ist es wichtig, sich kurz zu fassen und präzise auf den Punkt zu kommen. Auf umständliche Erklärungen, langatmige Texte, inhaltsleere Floskeln, Theoretisieren, große Zahlenkolonnen oder wenig informative Videovorführungen sollte unbedingt verzichtet werden, damit bei den Geldgebern kein Unmut entsteht. Es muss noch einmal betont werden: Gründer sollten ihr Geschäftsmodell leicht verständlich kommunizieren können *(siehe Kapitel 7).* Weniger ist dabei oft mehr. Denn der erste Eindruck ist letztlich entscheidend, ob es danach zu weiteren Terminen und einer Finanzierung kommt. Wenn ein Team sein Projekt auf wenigen Folien umfassend präsentiert, ist das für jeden Kapitalgeber beeindruckend und das Startup hebt sich von der Konkurrenz ab.

Inhalt des ersten persönlichen Treffens ist die Besprechung des vorab zugesandten Investoren-Memorandums bzw. des Pitch Decks. Dabei ist im Investorengespräch von den Gründern vor allem Offenheit für Kritik gefordert. Auch wenn der Ton schon mal harsch sein kann, sind Anmerkungen und Hinterfragen der Investment-Manager nie persönlich gemeint. Den Investoren geht es einzig und allein um die Optimierung des Geschäftsmodells. Einwände geben den Gründern aber auch die Gelegenheit, ihre Fachkenntnisse unter Beweis zu stellen.

Darüber hinaus sollten sie darauf gefasst sein, dass die Investoren sie vor allem als Unternehmer sehr genau unter die Lupe nehmen. Es zahlt sich aus, wenn Gründer gut über die Arbeit des Investors informiert sind und zum Beispiel mögliche Synergien einer Kooperation anbringen. So stärkt es ihre Position im Gespräch, wenn sie Hintergrundinformationen über die Investoren haben und zum Beispiel wissen, wie ein Fonds finanziert wird oder wie Investmententscheidungen getroffen werden. In den meisten Beteiligungsgesellschaften entscheiden nämlich nicht die Investment-Manager über Investitionen, sondern ein Komitee oder Beirat. Und in diesem Gremium hat sich auch der Investment-Manager genauso wie der Gründer zu verantworten, um finanzielle Mittel zu erhalten. Ab einem bestimmten Punkt sitzen also beide im selben Boot. Die Gründer sollten daher frühzeitig verstehen, was für die Investment-Manager wichtig ist.

Es empfiehlt sich auch, das Startup im Team vorzustellen. So unterstreichen die Unternehmer nicht nur die Bandbreite ihres Know-hows, sondern können auf diese Weise Fragen der Investment-Manager leichter parieren und durch den wechselnden Fokus einen klaren Kopf im Gespräch bewahren. Gründern, die auf kein Team bauen können, bietet sich an, einen Berater als Unterstützung hinzuzuziehen, der allerdings dezent im Hintergrund agieren sollte. Es besteht immer das Risiko, dass Investoren Startups, die von einem Berater unterstützt werden, von vornherein ablehnen. Ein Startup-Projekt wirkt zudem umso überzeugender, wenn Gründer ihre Ernsthaftigkeit unterstreichen – etwa mit mehr als einer Minimalversion ihres Produkts – und bereits Referenzkunden vorweisen können. Konkrete Erfahrungen im Markt sind für Investoren oft der wesentliche Schlüssel, um ein Projekt realistisch einschätzen zu können. Zu diesem Zweck sollte mit den eigenen Kunden vorher die Bereitschaft zu einem telefonischen Investorengespräch ausgelotet werden. Grundsätzlich gilt für Gründer, selbstbewusst aber nicht überheblich aufzutreten. Investment-Manager wollen vor allem – neben einer grundsätzlichen Belastbarkeit – die Leidenschaft der Gründer für das Projekt spüren. Das erleichtert ihre Entscheidung.

So mancher Ratschlag mag selbstverständlich erscheinen, und doch setzen Gründer Finanzierungen immer wieder durch unprofessionelles Auftreten aufs Spiel. Im Folgenden seien die häufigsten fünf Anbahnungsfehler genannt, die ich regelmäßig beobachte: 1) Es mangelt den Gründern an Professionalität und entsprechendem Auftreten. 2) Der Investment-Manager, der ihnen gegenübersitzt, weiß mehr über Markt und Trends als sie selbst. 3) Sie schätzen ihre Idee allzu euphorisch und einzigartig ein, während der Investor schnell potenzielle Wettbewerber aufspürt. 4) Ihr Geschäftsmodell erweist sich als wenig belastbar und enthält offensichtliche Logikfehler. 5) Und sie sind mit den Erwartungen der Investoren nicht vertraut.

Eine umfangreiche Vorbereitung auf den ersten Investorenkontakt ist daher nicht nur Pflicht. Sie macht vor allem aus Effizienzgründen Sinn. Denn führt eine schlechte Vorbereitung erst einmal zu Rückschlägen und Misserfolgen, kann dies den Gründungsprozess zeitlich und finanziell weit zurückwerfen.

DIE ERSTE GROBPRÜFUNG DER INVESTOREN

Für jeden Gründer ist es von Vorteil, wenn er den Prozess der Kapitalsuche aus den Augen der Investoren betrachten kann. Jeder einzelne Kapitalgeber bevorzugt eine ganz unterschiedliche Vorgehensweise, wie und zu welchem Zeitpunkt er das Startup-Konzept analysiert, wie viele Unterlagen angefordert werden oder welche Gewichtung einzelne Beurteilungskriterien haben. Erst mit diesem Wissen verstehen Gründer, wie ihre Gegenüber vorgehen, sich einem Investment nähern und Entscheidungen treffen, und können sich optimal auf den Erstkontakt und die folgenden Bewertungen ihres Startups vorbereiten. Bereits nach dem Vorliegen der Präsentationsunterlagen, spätestens aber nach dem ersten persönlichen Gespräch unterziehen die Investoren das Gründungsvorhaben einer Grobprüfung. Ausgangspunkt ist dabei nach dem Produkt sowie dem Marktpotenzial sehr oft das Managementteam. Die Investment-Manager fragen sich, wie es sich anfühlen würde, mit der Startup-Mannschaft die nächsten fünf bis sieben Jahre zusammenzuarbeiten. Vor allem im Falle von Hightech-Startups wäre für sie ein dreiköpfiges Team ideal, das sich aus einem kaufmännischen Experten, einem technischen Leiter und einem Unternehmensentwickler zusammensetzt *(siehe Kapitel 2)*. Gerade hier gilt nämlich: Für den Erfolg eines Startups ist nicht die Technik entscheidend – die funktioniert in über 95 Prozent der Projekte –, sondern Marktnähe und das Team. Aber auch Sologründer haben bei einigen Investoren das Potenzial, ein Gründungsprojekt erfolgreich umzusetzen. Mehr als drei Gründer und zu viele Kaufleute sind für die Investoren jedoch eher ein Hindernis.

Bei der Untersuchung des Produkts schauen die Investoren vor allem darauf, welchen Reifegrad es besitzt, mit welchen
Methoden sowie Erkenntnissen es entwickelt werden soll und
wo die Risiken liegen. Darüber hinaus wollen sie neben dem
Marktpotenzial wissen, wie stark das Wertversprechen ist, wie die
Marktdurchdringung konkret erreicht werden soll und wie sich
das Geschäft bestmöglich skalieren lässt. Im nächsten Schritt geht
es um die Einschätzung der Marktchancen in den nächsten drei
bis fünf Jahren. Hauptaugenmerk liegt dabei auf dem Umsatz-
potenzial und der erreichbaren Zahl der Kunden sowie den Kosten
des Geschäftsmodells. Weisen alle diese Daten auf ein lukratives
Geschäft hin, schätzen die Investoren ab, was es sie kosten würde,
innerhalb der kommenden Jahre das Leistungsangebot im Markt
zu etablieren. Stehen Kapitalbedarf und zu erwartender Gewinn
in einem günstigen Verhältnis, werden sie das Startup-Projekt
unterstützen und genauer unter die Lupe nehmen.

DAS TERM SHEET ALS ERSTER MEILENSTEIN

Haben Gründer und Investment-Manger sich umfassend kennengelernt und die Investoren das Startup-Projekt in einer
Grobprüfung als lukrativ bewertet, vereinbaren sie nach einem
umfassenden Gespräch über eine mögliche Zusammenarbeit
gemeinsam ein »Term Sheet«. Dabei handelt es sich um ein
rechtlich nicht bindendes Eckpunktepapier, in dem die Inhalte
eines möglichen Beteiligungsvertrages festgelegt werden. Wer
so weit gekommen ist, hat bereits vieles richtig gemacht. Ob der
finale Beteiligungsvertrag tatsächlich zustande kommt, hängt

von der folgenden »Due Diligence«, der umfassenden Projekt-
prüfung ab *(siehe Kapitel 10)*. Spätestens ab diesem Zeitpunkt
sollten sich Gründer von einem versierten Anwalt begleiten lassen, da Beteiligungsverträge sehr komplex sind. Dieser Jurist ist
idealerweise detailliert über die beiden unterschiedlichen Welten
der Gründer und Kapitalgeber im Bilde und verfügt über ein
unternehmerisches Selbstverständnis. Seine Aufgabe besteht
darin, den Gründern die Bestandteile des Term Sheets und eines
späteren Beteiligungsvertrages sowie deren Auswirkungen auf
die künftige Entwicklung des Startups verständlich zu machen,
zudem kann er ihnen dabei helfen, die Ernsthaftigkeit eines
Investors herauszufiltern. Falls nämlich ein Kapitalgeber das
Term Sheet nur mit der Absicht unterzeichnet, sich den Deal
über einen Exklusivzeitraum zu sichern, ohne später tatsächlich
zu investieren, kann das für Startups sehr zeitaufwendig und
kostspielig werden.

Mit dem Term Sheet erklären Investor und Gründer ihre
Bereitschaft zu einer Kooperation und ihr gemeinsames Verständnis des Projekts. Das Papier definiert den Rahmen und die
Konditionen der Zusammenarbeit ebenso wie den Umfang der
Beteiligung, die Verwendung der Investition, Bewertungsan-
sätze, Zusatzleistungen, Mitspracherechte und den geplanten
Zeitpunkt des Exits. Zudem wird auch bestimmt, wie die Due
Diligence gestaltet werden soll und wer die anfallenden Kosten
trägt. All diese Punkte sollten insbesondere von den Gründern
sehr konkret formuliert werden, damit keine Missverständnisse
entstehen, die das Projekt spätestens bei der Verhandlung des
Beteiligungsvertrages gefährden könnten. Jede kleinste Abma-

chung ist von größter Bedeutung und verlangt höchste Aufmerksamkeit – man muss sich stets der späteren Tragweite des Term Sheets bewusst sein. Dazu gehört auch die Entscheidung, in welcher Form die Beteiligung erfolgen soll. Eine Unternehmensfinanzierung rein auf Basis von Eigenkapital ist nur eine von vielfältigen Finanzierungsoptionen. Oftmals finanzieren Risikokapitalgeber Startups ergänzend mit sogenanntem Mezzaninkapital. Ein solches eigenkapitalähnliches Darlehen wird allerdings von vielen Investoren different beurteilt. Im Kern ist das Mezzaninkapital ein Darlehen, das gerade bei einem Exitfall immer zuerst bedient werden muss. Zudem müssen auf diese Finanzierungsform in der Regel auch risikoadäquate Zinsen in Höhe von 8 bis zu 25 Prozent pro Jahr gezahlt werden, was die Liquidität eines Unternehmens zusätzlich belastet. Nachteilig ist auch, dass Mezzaninkapital auch als Indikator für Uneinigkeit zwischen den Gesellschaftern gilt – kommt es doch häufig dann zum Einsatz, wenn eine Brücke zwischen Bewertungsvorstellungen geschlagen werden soll, weil sich die Parteien uneinig sind, oder auch dann, wenn die Zeit drängt und alles schnell über die Bühne gehen muss.

Abschließend definiert das Term Sheet die rechtlichen Grundlagen für den Exit. Üblich ist die Vereinbarung eines Vorkaufsrechts. Es räumt den Gründern die Möglichkeit ein, zuerst die gesamten Anteile des Investors zurückzukaufen, wenn ein Käufer gefunden wurde – und zwar zu den gleichen Bedingungen. Ein einschneidender Einfluss auf die Eigentumsrechte am Startup sind dagegen Regelungen über eine Mitveräußerungspflicht oder ein Mitveräußerungsrecht.

Beide Vereinbarungen sollen es Käufern erleichtern, Mehr-
heitsanteile oder das gesamte Unternehmen zu erwerben. Bei
der Mitveräußerungspflicht kann der Investor die Gründer
dazu zwingen, ihre Anteile abzugeben, wenn ein echtes Kauf-
interesse besteht. Das Mitveräußerungsrecht regelt dagegen
den umgekehrten Fall. Hierbei darf ein Investor seine Anteile
mit veräußern, wenn die Gründer einen Interessenten ange-
worben haben. Zu den Absprachen über den Exit zählen auch
Regelungen, wie die Investoren ihre Gewinnanteile aus dem
Verkaufserlös erhalten.

Ein optimales Term Sheet drückt aus, dass die beiden Welten
der Gründer und der Wagniskapitalgeber zueinander gefunden
haben. Das Papier muss das Gründungsvorhaben auf den Punkt
bringen und ebenso die schwierigen Themen ansprechen. In
letzter Konsequenz lässt sich die Zusammenarbeit beider Seiten
mit dem Umgang in einer Familie vergleichen. In einer solchen Atmosphäre sorgen beide Seiten dafür, dass ein belastbares
Umfeld geschaffen und ständig weiterentwickelt wird. Unrea-
listische Ansprüche wie überzogene Gewinnvorstellungen oder
schnelle Verkaufserwartungen haben dabei keine Chance. Stattdessen ziehen beide Seiten an einem Strang. Sie verfolgen die
gleichen Vorstellungen innerhalb des Startup-Prozesses, ohne
jemals das Augenmaß zu verlieren. Das Term Sheet ist ein wichtiger Prüfstein für die zukünftige Zusammenarbeit.

TAKE AWAYS

Nur wenn Gründer exzellent vorbereitet sind, eine hohe Qualität bieten und konkrete Ergebnisse vorweisen, sind sie in der Lage, die Zusammenarbeit mit Risikokapitalgebern maßgeblich zu beeinflussen.

~

Startups stehen im Streben nach einer Unternehmensfinanzierung in einem hohen Wettbewerb, da das Angebot an Gründungsprojekten die Nachfrage der Investoren deutlich übersteigt. Hier gilt es, sich intelligent zu differenzieren.

~

Voraussetzung für die Wahl eines geeigneten Investors ist eine umfassendes Verständnis über die Erwartungen und die Arbeitsweisen der verschiedenen Risikokapitalgeber wie Venture Capitalisten oder Business Angels.

~

Ein Erstkontakt als Schlüssel für eine erfolgreiche Finanzierung sollte nur dann hergestellt werden, wenn die Gründer über eine überzeugende Zukunftsplanung verfügen.

~

Das Potenzial eines Startups durchleuchten Investoren in einer ersten Grobprüfung, für die Gründer ein funktionierendes Geschäftskonzept und erste Erfahrungen im Markt vorweisen sollten.

~

Das Term Sheet definiert die Eckpunkte eines möglichen Beteiligungsvertrages und ist Ausdruck einer vertrauensvollen Zusammenarbeit, in der die beiden Welten der Gründer und der Kapitalgeber wirklich zusammenfinden.

»Da gerade bei den Frühphaseninvestments alle klassischen Bewertungsmethoden versagen, konzentrieren wir Investoren uns in der Startup-Bewertung auf Aspekte wie Team, Markt und Wettbewerb, Technologievorsprung oder Planung. Letztendlich bestimmt aber der Kunde durch seine Umsätze den wirklichen Wert des innovativen Unternehmens. So einfach ist das.«

DR. PETER WOLFF

GESCHÄFTSFÜHRER, ENJOYVENTURE MANAGEMENT GMBH

STARTUPS erfolgreich
BEWERTEN

10

10 STARTUPS ERFOLGREICH BEWERTEN

Mit der ersten Due Diligence-Prüfung wird die Belastbarkeit eines Startups auf den Prüfstand gestellt. Gerade in der Anfangsphase zeichnen sich Gründungsvorhaben durch eine große Unsicherheit aus. Deshalb ist ein ganzheitlicher Ansatz gefragt, der vor allem qualitative Erfolgsfaktoren betrachtet und eine umfassende Risikoanalyse praktiziert.

Die Vereinbarung eines Term Sheets ist der Auftakt zu einem weiteren wichtigen Baustein auf dem Weg zu einer erfolgreichen Startup-Finanzierung: der ersten Unternehmensbewertung, die einer umfangreichen Due Diligence-Prüfung entspricht. Sie folgt idealerweise einem ganzheitlichen Ansatz, der sich aus einer qualitativen, einer quantitativen und einer Risikoanalyse zusammensetzt. Zu diesem Zeitpunkt des Gründungsprozesses beschreibt die Bewertung das Zukunftspotenzial des Startups und dient damit den Investoren zur Minimierung ihrer Finanzierungsrisiken. Das Ergebnis bildet die Basis für den Diskontierungszinssatz, mit dem sich die Investoren ihre eingegangenen Risiken bezahlen lassen. Im Durchschnitt liegt der Jahreszins in den Anfangsphasen einer Gründung bei etwa 50 Prozent. Im Laufe der Reife eines Startups kann er auf etwa 20 Prozent pro Jahr sinken.

Wie lässt sich nun aber die Belastbarkeit einer neuen Idee anhand von Fakten präsentieren, wenn nicht garantiert ist, dass

Kunden sich dafür interessieren? Wie lassen sich innovative Technologien beurteilen, die sich bislang nur im Labor bewährt haben? Was kann ein Geschäftsmodell wert sein, das noch kein Produkt verkauft hat? Mit diesen Fragen sehen sich Gründer und Investoren gleichermaßen konfrontiert, wenn es um die Finanzierung eines zumindest auf dem Papier vielversprechenden Startup-Projekts geht. Bevor es zu einer Zusammenarbeit kommen kann, muss das Gründungsvorhaben anhand seines Fundaments auf seine Chancen und Risiken genau analysiert werden. Für beide Seiten ist das eine enorme Herausforderung, die sehr viel Zeit in Anspruch nimmt, weil die Bewertung eines noch nicht da gewesenen Geschäftsmodells der Spekulation Tür und Tor öffnet. Je nach Startup-Charakter und -Phase variieren Komplexität und Fokus der Prüfung; einheitliche Bewertungsmodelle gibt es nicht. Selbst wenn bereits erste Kunden und Erfolge im Markt existieren, ist die Unternehmensbewertung zu Beginn eines Startup-Projekts immer eine grobe Schätzung.

Markantes Kennzeichen von Startup-Projekten ist also ihre Unsicherheit. Gründer können bei der Darstellung der Belastbarkeit meist nicht auf Daten aus der Vergangenheit zurückgreifen. Außerdem planen sie sehr weit in die Zukunft, was kaum konkrete Aussagen ermöglicht. Das Risiko zu Scheitern ist hoch, und Startups sind sehr abhängig von Veränderungen der Marktbedingungen. Darüber hinaus verfügen sie trotz sorgfältiger Vorbereitung nicht unbedingt über ein ausgereiftes Produkt, ein schlagkräftiges Team oder Schutzrechte. Klassische Bewertungsmethoden wie die Substanzwert- oder die Ertragswertverfahren stoßen bei der Prognostizierbarkeit von Startups daher schnell an ihre Grenzen, weil sie auf verlässliche Vergangenheitszahlen und Aktivitäten im Markt angewiesen sind. Ein effektiverer Weg, um ein Gründungsprojekt unter Unsicherheit realistisch einzuschätzen, ist daher vereinfachte Verfahren wie die Szenarioanalyse oder die Venture Capital-Methode, die mehrere unterschiedliche Entwicklungen abbilden und dabei Abweichungen der Prognosen von vornherein einkalkulieren. Das Problem fehlender Vergangenheitsdaten können allerdings auch sie nicht beheben.

Als Grundlage für die erste Startup-Analyse ziehe ich daher vor allem qualitative Faktoren heran, um das Erfolgspotenzial und den Wert eines Wachstumsunternehmens zu bestimmen. Quantitative, aus der Vergangenheit resultierende Daten gewinnen erst in späteren Phasen an Bedeutung, wenn sich das Startup am Markt durchsetzt und konkrete Zahlen vorweisen kann. Neben dem Studium der eingereichten Unterlagen sowie der Teilnahme an Workshops und Gesprächen mit dem Gründerteam hole ich zudem Feedback von Geschäftspartnern, Kunden oder Lieferanten ein, suche die Nähe zu Universitäten und nutze Informationsquellen wie Datenbanken oder wissenschaftliche Studien, um mir ein Bild über das Gründungsvorhaben zu machen. Im Rahmen der qualitativen Analyse werden dann die sogenannten weichen Faktoren »Management«, »Markt«, »Produkt«, »Technologie« und die Anforderungen der aktuellen und zukünftig geplanten Unternehmensphasen beurteilt.

Die wichtigsten Kriterien sind dabei unter anderem Kundenerwartungen, Problem-Lösungs-Szenario, Alleinstellungsmerkmale wie die Unique Selling Proposition *(USP)*, das Wachstums- sowie Exit-Potenzial und die Position im Wettbewerb. Besonders gründlich schaue ich ebenso auf das Managementteam. Die Erfahrungen der Gründer, die im Team vertretenen Fähigkeiten, die Anreizstruktur sowie Aspekte wie emotionale Kompetenz, Kritikfähigkeit und Lernbereitschaft haben aus Sicht der Investoren einen großen Einfluss auf die Entwicklung des Startups. Für die Bewertung des Faktors »Markt« sind Wettbewerbskräfte wie die bestehende Konkurrenz, ähnliche Produkte, Markteintrittsbarrieren oder die Verhandlungsmacht von Lieferanten und Kunden relevant. Entscheidend für die Einschätzung eines Produkts oder einer Technologie sind der Stand der Entwicklung, Kooperationen mit Partnern wie Forschungsinstituten, die Fähigkeit, langfristig Innovationen zu managen, und der konkrete Nutzenvorteil des Leistungsangebotes für Kunden.

Eine Unternehmensbewertung und daraus abgeleitete Investitionsentscheidungen in der Anfangsphase eines Startup-Projekts basieren zudem immer auf den Erfahrungen der Risikokapitalgeber und auf Vergleichen mit anderen Gründungsvorhaben. Nur wenn Gründer ihre qualitativen Erfolgsfaktoren nachvollziehbar und lückenlos aufbereiten, können sie sich von anderen Kapital suchenden Startups abheben und eine effiziente Due Diligence-Phase sicherstellen.

EIN GANZHEITLICHER BEWERTUNGSANSATZ

Um zu einer realistischen Einschätzung der Chancen und Risiken von Gründungsprojekten zu gelangen, ist also eine Belastbarkeits-Bewertung erforderlich, die den Gründungsprozess ganzheitlich erfasst. Dazu werden alle entscheidenden immateriellen Startup-Parameter, wie sie bereits genannt wurden, umfassend und systematisch unter die Lupe genommen und anhand aussagefähiger Marktkriterien bewertet; dies unter Berücksichtigung der objektiv messbaren Faktoren, wie die technischen Eigenschaften eines Produkts, als auch der nicht messbaren Parameter. Diese qualitativen Bewertungskriterien sind zum Beispiel das künftige Markenimage, Synergie-Effekte oder die Fähigkeit der Gründer, ihr Produkt erfolgreich zu verkaufen.

Mein Ziel ist es, Gründern und Investoren eine klar strukturierte und leicht nachvollziehbare Aufbereitung an die Hand zu geben, die ihnen eine Risiko minimierende Zusammenarbeit ermöglicht und beider Interessen berücksichtigt: Gründer wollen sichergehen, dass ihre Liquidität gewährleistet ist, und Investoren wollen eine Perspektive, Gewinne zu erzielen. Die Ergänzung der klassischen Bewertungsverfahren um die Einschätzung immaterieller Faktoren weitet den Gestaltungsspielraum in der Kooperation und stärkt auf beiden Seiten die Verhandlungsposition. Wenn immaterielle Werte auf den Punkt gebracht und durch Fakten untermauert werden, lassen sich potenzielle Investments greifbar machen.

Voraussetzung, um Chancen und Risiken eines Startups realistisch einzuschätzen, ist allerdings: Gründer und Investor müssen sich davon verabschieden, dass es ein Patentrezept für die richtige Bewertung gibt. Die Due Diligence-Analyse ist lediglich eine aktuelle Einschätzung und damit eine Orientierung für die folgende Diskussion über eine mögliche finanzielle

Beteiligung. In die Gestaltung der Finanzierung fließen letztlich eine Vielzahl weiterer externer Faktoren ein wie die gesamtwirtschaftliche Nachfrage nach Risikokapital, der Verhandlungsprozess, das Verhältnis zwischen Investor und Gründer oder der Umfang des Engagements eines Kapitalgebers, etwa durch Know-how und Kontakte im Markt.

Für die Belastbarkeitsbewertung eines Startups müssen Gründer und Investor sich außerdem davon lösen, die Perspektive eines Projekts ausschließlich anhand von gemeinhin akzeptierten Werten der Wirtschaft zu beurteilen. Innovationen, vor allem wenn sie disruptiv sind, lassen sich nicht mit den alten Denkschablonen einschätzen. Sie erfordern die Definition neuer Werte und Beurteilungskriterien. Wer etwa neue Geschäftsmodelle nur anhand des Renditestrebens bewertet, wird scheitern.

Wenn Gründer optimale Voraussetzungen für die Bewertung ihres jungen Unternehmens schaffen wollen, müssen sie die wesentlichen Aspekte ihres Geschäftsmodells im Vorhinein reflektieren. Was sind die Grundlagen ihrer Finanzplanung? Auf welchen Annahmen basieren sie – und wie realistisch sind sie? Was sind die Werttreiber des Startups? Darüber hinaus muss der Zielmarkt im Hinblick auf die Wachstumschancen untersucht werden. Viele Risikokapitalgeber erwarten, dass ihr Investment stärker als die Konkurrenz wächst. Einen Einfluss auf die Bewertung hat auch die gesamtwirtschaftliche Situation. Eine schwache Konjunktur senkt die Umsatzchancen und damit die Belastbarkeit sowie den Unternehmenswert. In diesem Fall wird der Investor wahrscheinlich eine höhere Risikoprämie verlangen. Nicht zuletzt muss auch das Gründerteam durchleuchtet werden. Je besser das Management des Startups, desto höhere Erfolgsaussichten bestehen und desto höher die Belastbarkeit des Startups.

Aber: Auch diese Methode liefert keine unantastbare Aussage über die Belastbarkeit eines Startups. Für den erfolgreichen Abschluss eines Beteiligungsvertrages zählen am Ende das Angebot, die Nachfrage und das Verhandlungsgeschick. Die im Folgenden ausführlich erläuterte Methode einer Startup-Bewertung stellt daher eine Diskussionsgrundlage dar, die eine Bandbreite für einen marktgerechten Startup-Wert ermittelt. Sie produziert kein hundertprozentiges »Ja« oder »Nein« zu einem Projekt. Viel entscheidender ist es, dass sowohl Gründer als auch Investoren anhand des Resultates ein gegenseitiges Verständnis füreinander gewinnen, sich im Falle einer positiven Investmententscheidung etwaiger Risiken bewusst werden und dementsprechend handeln. Auch kann die Due Diligence-Prüfung ergeben, dass die Gründer vor weiteren Verhandlungen mit Investoren noch einige Hausaufgaben in puncto Wertversprechen und Geschäftsmodell erledigen müssen, oder gar Themen aufdecken, die das Startup-Projekt gefährden könnten. Darunter fallen zum Beispiel Mängel am Geschäftsmodell, gesellschaftsrechtliche Ungereimtheiten oder die Gefahr von Patentrechtverletzungen. Investoren werden in diesem Fall immer verlangen, dass die aufgedeckten Risiken vor dem finanziellen Engagement und der Unterzeichnung der Verträge beseitigt werden oder die entsprechende Haftung vereinbart wird. Ebenso können Umstände auftauchen, die Vereinbarungen aus dem Term Sheet hinfällig machen und den berechneten Unternehmenswert sowie die geplante Kapitalbereitstellung in Frage stellen. Jeder einzelne dieser Aspekte ist daher umfassend zu klären. Dazu mehr in Kapitel 11.

RISIKEN AUFDECKEN

Der Schlüssel für die Unternehmensbewertung ist die Risikoanalyse. Sie basiert im Regelfall auf dem »Capital Asset Pricing Model«, bei dem je nach Unternehmensphase die Investitionsrisiken anhand einer Diskontierungsrate in den aktuellen Startup-Wert einfließen und ihn mindern. Je früher und experimenteller die Phase des Gründungsprozesses, desto höher ist der jährliche Zinssatz, der zwischen 20 und 50 Prozent oder höher liegen kann. Neben der qualitativen Bewertung wird im Due Diligence-Prozess zudem eine quantitative Analyse durchgeführt. Die gängigsten klassischen monetären Ansätze sind die »Multiplikatorenmethode«, das »Discounted-Cashflow-Verfahren«, die »Venture Capital-Methode« und das »Real Options-Verfahren«. Ziel ist es, den fairen Wert des Startups zu ermitteln. Allerdings ist die Herausforderung dabei sehr hoch. Da nämlich im Falle von Startups in der Anfangsphase oft noch keine konkreten Zahlungsströme fließen, müssen die entsprechenden Zahlen geschätzt werden. Erfahrene Venture Capitalisten rechnen daher damit, dass Gründer im Geschäftsplan ihre Umsatzprognosen deutlich über- und ihre Kosten unterschätzen.

Mit Hilfe der Multiplikatorenmethode wird der Wert von Unternehmen anhand des Vergleichs mit anderen Firmen errechnet. Dies kann auf der Basis von Marktwerten börsennotierter Firmen, konkreten Unternehmensverkäufen oder dem

Wert von Emissionspreisen für Aktien erfolgen. Aus den Daten der Konkurrenz wird ein Multiplikator ermittelt, der dann mit den Startup-Kennzahlen wie Umsatz, Gewinn vor Steuern, Kurs-Gewinn-Verhältnis oder Cashflow multipliziert wird. Aus dem Ergebnis wird der monetäre Unternehmenswert abgeleitet. Die Herausforderungen dieses Verfahrens sind das Auffinden geeigneter Vergleichsunternehmen und die Definition von Kennzahlen, die die Branche repräsentieren. Sind Gründer mit der Bewertung ihres Unternehmens nicht einverstanden, haben sie die Möglichkeit, die potenziellen Investoren davon zu überzeugen, andere Vergleichsunternehmen mit anderen Multiplikatoren als Rechengrundlage auszuwählen.

Das Discounted Cashflow- oder Ertragswert-Verfahren bewertet Startups demgegenüber mit Hilfe der zu erwartenden Erträge. Hierbei werden die zukünftigen Cashflows auf den aktuellen Bewertungstermin abgezinst. Wollen Gründer hier Einfluss nehmen, müssen sie die Prognose des Cashflows plausibel verändern. Die Mulitplikatoren und das Discounted Cashflow-Verfahren bilden auch das Gerüst für die Venture Capital-Methode. Hierbei wird davon ausgegangen, dass eine Projektrendite nur durch den Kapitalertrag beim Verkauf des Startups erzielt werden kann. Der aktuelle Unternehmenswert errechnet sich danach aus dem vom Investor geschätzten Verkaufswert, der Zeitspanne bis zum Exit und der erwarteten Verzinsung. Das Real Options-Verfahren erweitert diesen eher starren Ansatz um die Handlungsspielräume, die Startups jederzeit zur Verfügung stehen, um auf Veränderungen der Marktbedingungen zu reagieren. Das heißt: Es fließen nicht nur die abgezinsten Risiken in den Unterneh-

menswert ein, sondern das Modell berücksichtigt auch Marktchancen, die den Startup-Wert erhöhen.

DIE BELASTBARKEITSANALYSE IN DER PRAXIS

Die folgenden Ausführungen beleuchten alle Themen, die bei
der Prüfung eines Investments von Bedeutung sind. Mithilfe
der Belastbarkeitsanalyse lassen sich alle Herausforderungen
des Startups bewusst machen und die Risiken des Gründungsprozesses identifizieren. In einem ersten Schritt werden zunächst
das Wertversprechen und der Markt untersucht. Wenn beides
interessant erscheint, wird das Startup-Projekt tiefergehend analysiert und zum Beispiel das Geschäftsmodell sowie das Gründerteam umfassend durchleuchtet. Im zweiten Schritt werden
dann die »Disrupitivität«, die »Skalierbarkeit«, die »Go-to-Market-Strategie« und die »Innovationsfähigkeit« analysiert, sowohl
aus Markt- und Konkurrenzsicht als auch aus der Startup-Pers-
pektive. Im Anschluss werden alle Erfolgsfaktoren anhand eines
»Scoring-Systems« bewertet und zu einer Gesamtschau zusammengefasst. Voraussetzung für die Belastbarkeitsprüfung ist
neben der Bereitschaft zu einem aktiven und offenen Dialog die
Vorlage von Grundlagendokumenten wie »Pitch Deck«, »Investoren-Memorandum« oder »Konzeptpapier«.

DER WERTVERSPRECHEN-CHECK

Dies ist der zentrale Punkt der Belastbarkeitsbewertung. Ist das
Wertversprechen nicht schlüssig oder ausgereift, spielen alle

übrigen Fähigkeiten eines Startups keine Rolle, und das Projekt ist gescheitert. Konkret heißt das: Das Leistungsangebot eines Unternehmens muss nicht nur Bedürfnisse, funktionale sowie gesellschaftliche Aufgaben oder Herausforderungen von Kunden lösen, sondern auch deren Erwartungen übertreffen. Das gelingt nur, wenn es konkrete Probleme immer wieder löst. Erst diese Dringlichkeit und starke Relevanz führen dazu, dass die Käufer dem Leistungsangebot einen hohen Wert beimessen und bereit dazu sind, Geld dafür auszugeben. Das wiederum zieht Folgekäufe und eine rasche Verbreitung des Produkts im Markt nach sich. Der Mehrwert für den Kunden muss daher transparent und messbar sein.

Die Bewertung der Value Proposition erfolgt in zwei Schritten. Zunächst müssen die wesentlichen Konkurrenten identifiziert werden, die mit ihrem Wertversprechen im Wettbewerb zum Startup stehen. Dann werden die einzelnen Wertversprechen der Konkurrenz daraufhin untersucht, welchen Umfang sie haben und wie sie Kundenbedürfnisse befriedigen. Im zweiten Schritt wird dann die Value Proposition des Startups mit dem Angebot der Konkurrenz in puncto Kauf beziehungsweise Nutzung des Produkts oder der Dienstleistung verglichen. Die Gegenüberstellung mit dem stärksten Konkurrenten und mit den Kundenerwartungen bildet schließlich die Basis für das finale Scoring. Für die Prüfung muss das Startup fundierte Unterlagen und Recherchen vorlegen. Der erste Schritt erfordert neben einer detaillierten Beschreibung des eigenen Wertversprechens eine umfassende Markt- und Konkurrenzanalyse. Für den zweiten Part müssen zudem eine aussagefähige Managementpräsentation oder ein strukturiertes Konzeptpapier vorliegen, die umfassend über die Organisation des Unternehmens und die prognostizierte künftige Entwicklung informieren. Darüber hinaus sollte es möglich sein, das Produkt oder die Dienstleistung des Startups konkret zu testen und mit Kunden oder Interessenten zu sprechen.

DER MARKT-CHECK

Investoren wollen am Anfang wissen, ob die Gründer ihren Zielmarkt kennen und ob ein Wachstumspotenzial existiert. Unternehmer sollten daher über die Ertrags- und die Kostensituation ihrer Konkurrenz umfassend informiert sein. Ebenso sollten sie die erwirtschafteten Cashflows und die Umsatzrentabilität recherchieren. Nur so lassen sich Wachstumschancen und -risiken sowie das Gewinnpotenzial ableiten. Ebenso müssen die aktuellen Trends im Markt bekannt sein, um die eigene technologische Entwicklung optimal voranzutreiben. Diese Informationen in Kombination mit dem aktuellen Entwicklungsstand des eigenen Produkts geben zudem den Investoren Aufschluss darüber, wann ein Erfolg im Markt und ein möglicher Break Even zu erwarten ist. Darüber hinaus können Gründer leichter eine Roadmap erstellen, mit der sie die Entwicklung und angepeilten Fortschritte des Startup-Prozesses dokumentieren. Von besonderem Interesse sind hierbei die ersten Marketing- und Salesdaten, die ebenfalls Hinweise auf das Wachstumspotenzial und mögliche Verbesserungen im Konzept liefern.

DER GRÜNDER-CHECK

Das Durchleuchten des Gründerteams ist kein automatisierter Prozess. Je nach Startup und der Zusammensetzung der Mannschaft muss er individuell ausgestaltet werden. Schließlich sind Gründerteams so vielfältig wie Geschäftsideen. Grundsätzlich gilt: Ausschließlich ein exzellentes Team wird einer vielversprechenden Idee zu einem großen Potenzial im Markt verhelfen.

Die Analyse prüft daher in einem vertrauensvollen Rahmen anhand verschiedenartiger Aufgabenstellungen, die sämtliche Facetten des Startup-Alltags widerspiegeln, die unterschiedlichen Kompetenzen der einzelnen Teammitglieder. Ein besonderes Augenmerk liegt dabei auf dem Umgang mit Stress und Leistungsdruck. Neben den fachlichen Qualitäten werden in den Tests zudem soziale und kulturelle Kompetenzen in der Zusammenarbeit untersucht. Dies umfasst unter anderem die Themen »Belastbarkeit«, »Durchhaltevermögen«, »Kreativität«, »Kommunikationsfähigkeit«, »Offenheit für Neues« oder »Mut«.

Die Ergebnisse werden anschließend in einer Balanced Scorecard zusammengefasst und beurteilt. Für die Investoren wird zudem ein ausführlicher Bericht zu jedem einzelnen Gründer und zum gesamten Team verfasst. Sowohl das Gründerteam als auch die Kapitalgeber wissen am Ende des Checks, was sie voneinander erwarten können und wo Verbesserungen in der Zusammenarbeit notwendig sind. Stellt sich etwa heraus, dass eine entscheidende Fähigkeit für den erfolgreichen Aufbau des Startups fehlt, wird das Team um eine entsprechend befähigte Person erweitert.

DER GESCHÄFTSMODELL-CHECK

Die Wertversprechen-Analyse bildet gleichzeitig die Basis für die umfassende Prüfung des Geschäftsmodells und seiner Erfolgsaussichten *(siehe Kapitel 4)*. Das Geschäftsmodell wiederum beschreibt die Architektur eines Unternehmens sowie dessen Wertschöpfung und erläutert, wie das Wertversprechen auf Dauer in der Praxis umgesetzt wird.

Bei der Geschäftsmodellanalyse werden zunächst die Zielkundensegmente definiert und genau untersucht. Für den Erfolg des Geschäftsmodells ist etwa entscheidend, inwieweit das Wertversprechen die Bedürfnisse der Kunden berührt. Anschließend erfolgt die Analyse der Kundenbeziehungen. Hier ist insbesondere von Interesse, wie die einzelnen Kundengruppen angesprochen werden müssen und wie der Kundenkontakt den Verkauf fördert. In diesem Zusammenhang werden auch die Vertriebskanäle sowie die dafür notwendigen Ressourcen geprüft. Eine wichtige Frage ist, wie die Kunden erreicht werden wollen und wie das Startup-Angebot tatsächlich erfolgt. Bei allen Fragen sind darüber hinaus immer die Kosten genau zu kalkulieren. Mit dauerhaft exorbitant hohen Ausgaben lassen sich keine Kundenbeziehungen aufbauen.

Im nächsten Schritt des Geschäftsmodell-Checks werden die Schlüsselressourcen und -aktivitäten dahingehend durchleuchtet, wie sich das Startup von der Konkurrenz abhebt. Hierbei ist auch der Punkt zu klären, inwieweit Partnerschaften fehlende Kompetenzen und Ressourcen ausgleichen können. Abschließend stehen noch Umsatzmodell, Umsatzströme und Kostenstrukturen auf dem Prüfstand. Diese Erfolgskriterien geben einen entscheidenden Hinweis darauf, ob das Startup dauerhaft profitabel sein wird und wachsen kann. Voraussetzung für die Analyse ist eine detaillierte Kostenübersicht und die Vorlage der Kalkulationsgrundlagen wie Preis-Mengen-Gerüste, Deckungsbeitragsrechnungen etc. oder Finanzberichte wie die Gewinn-und-Verlust-Rechnung.

DER INNOVATIONSFÄHIGKEITS-CHECK

Im Kampf um die begrenzten Kapitalangebote von Investoren macht die Innovationsfähigkeit den entscheidenden Unterschied aus, unabhängig davon, ob es sich um Produkte oder ganze Unternehmen handelt. Kann sich ein Startup nicht laufend mit neuen Ideen an Marktveränderungen anpassen, muss die erste Idee funktionieren. Aber darauf können sich Gründer und Investoren nicht verlassen. Inhalt dieser Analyse ist ein ganzes Bündel an Faktoren. Auf der Basis eines gemeinsamen Workshops wird zum Beispiel gründlich unter die Lupe genommen, inwieweit die Kernkompetenzen des Startups Innovationen vorantreiben. Dazu zählt auch – sofern bereits möglich – eine Analyse der Unternehmenskultur sowie der gemeinsamen Wertvorstellungen unter allen Mitarbeitern. So wird etwa geprüft, wie im Startup mit Fehlern umgegangen wird.

Um die Innovationsfähigkeit eines Startups beurteilen zu können, müssen zudem alle vorhandenen und geplanten Produkte sowie Dienstleistungen detailliert beschrieben sein. Ebenso muss anhand der Forschungsvorhaben genau dargelegt werden, wie der Stand der Technologie-Entwicklung ist und wie neue Ideen entstehen. Dabei spielt der Umfang des unverzichtbaren Netzwerks aus Wissenschafts- und Wirtschaftspartnern eine entscheidende Rolle. Des Weiteren ist eine umfassende Auskunft über das verfügbare Wissen sowie die Verantwortlichkeiten der im Startup arbeitenden Menschen und deren Einsatz für innovative Entwicklungen erforderlich. Im Rahmen dieses Punktes ist der Umgang mit wirtschaftlichen, technologischen, rechtlichen, ökologischen und gesellschaftlichen Trends von großer Bedeutung. Neue Ideen können nur entwickelt werden, wenn die Mitarbeiter Trends kontinuierlich gewinnbringend verwerten.

Wie innovativ ein Startup ist, lässt sich darüber hinaus daran erkennen, wie die Prozesse im Unternehmen vernetzt sind und ob ein Controlling zur Erfolgsmessung von neuen Entwicklungen etabliert ist. Die strukturelle Ausrichtung des Startups gibt schließlich Aufschluss darüber, inwieweit neue Märkte identifiziert werden können. Abschließend wird das Innovationspapier des Gründerteams auf Schlüssigkeit geprüft.

DER DISRUPTIONS-CHECK

Für die Entscheidung potenzieller Investoren ist diese Analyse oft ausschlaggebend. Finanzielle Beteiligungen sind für sie nur dann interessant, wenn ein Startup die Perspektive schafft, Märkte zu wandeln und im besten Fall zu revolutionieren. Ziel von Gründern muss es also sein, Alleinstellungsmerkmale, eine Unique Selling Proposition, zu kreieren. Dazu müssen alle Faktoren geprüft werden, die Disruptionen hervorrufen, sowie alle bestehenden Annahmen und Spielregeln im Markt in Frage gestellt werden.

Der offensichtlichste Ansatz für das Entwickeln von Allein-stellungsmerkmalen sind die Finanzkennzahlen, denn mit inno-vativen Umsatzkonzepten, Preis- und Bezahlmodellen oder deutlich niedrigeren Kostenstrukturen können Zielmärkte schnell erobert werden. Ein Hebel für schnelles Wachstum kön-nen auch bewusst niedrig gewählte Gewinnmargen sein. Weitere Ansatzpunkte zur Steigerung des Disruptionspotenzials sind das Kundenbeziehungsmanagement, das Kaufverhalten und die vor-handene Technologie, auf deren Basis das Wertversprechen fußt. Gerade die technische Entwicklung bietet viel Gestaltungsraum, sei es über den innovativen Einsatz von Materialien, die Aus-nutzung von Kapazitäten oder das Aufbrechen von Standards. Der vierte Untersuchungsgegenstand sind mögliche Verände-rungen in der gesamten Wertschöpfung, wie etwa beim Aufbau der Zulieferkette, in der Kooperation mit geeigneten Partnern oder der Wahl von Vermarktungswegen.

DER SKALIERBARKEITS-CHECK

Selbst das beste Wertversprechen und das attraktivste Geschäfts-modell nützen nichts, wenn das Startup keine Aussicht auf Wachstum hat. Investoren engagieren sich nur dann, wenn Geschäftsmodelle skalierbar sind. Erst wenn die Aussicht auf exponentielles Wachstum und hohe Gewinne besteht, können die Kapitalgeber ihre Risiken ausgleichen. Die Investoren achten daher vor allem auf zwei Aspekte bei Gründungsvorhaben: Die notwendigen Ressourcen müssen möglichst einfach beschafft werden können, und der Umsatz muss sich ohne gleichzeitige

Zunahme der Kosten steigern lassen. Im Rahmen des Ska-
lierbarkeits-Checks prüfe ich daher, wie schnell Startups ihre
Nachfrage befriedigen können, wie viel Kosten ein neuer Kunde
verursacht, wie teuer die Akquise neuer Kunden ist und wie
viel Umsatz und Kosten ein Kunde in seinem Leben produziert.

DER GO-TO-MARKET-CHECK

Der Einstieg eines Startups in seinen Zielmarkt und das Wachstum in der Folge sind kritische Phasen in der Entwicklung von
Unternehmen. Häufig entstehen in diesem Verlauf sogenannte
Wachstumsplateaus, die nur mit einem sehr hohen Ressourcen-
aufwand überwunden werden können. Ein wichtiger Aspekt des
Gründungskonzeptes muss daher eine umfassende Vorbereitung
auf diese Situationen sein. Nicht selten droht Startups im Falle
von Wachstumsplateaus die Insolvenz, weil sie auf keine geeigneten Mittel zurückgreifen können, um die Herausforderung zu
bewältigen. Am Beginn dieses Checks steht eine genaue Analyse
der aktuellen Gründungsphase. Unterschiedliche Entwicklungs-
stufen erfordern unterschiedliche Maßnahmen, um mit Wachstumsplateaus umzugehen. Um sie zu überwinden, muss auch
klar sein, wie die verschiedenen Zielgruppen gewonnen werden.
Gerade die Frage, wie ein Startup von den »Early Adopters«
zur »Early Majority« gelangt, ist von großer Bedeutung für
Investoren. Oft erfordert dieser Übergang Anpassungen beim
Wertversprechen und dem Geschäftsmodell. Voraussetzung für
eine erfolgreiche Markteinführung sind zudem umfangreiche
Nutzertests.

DAS SCORING-MODELL

Das Vorgehensmodell zur Belastbarkeitsbewertung in Kombination mit dem Gründer-Check ermöglicht eine ganzheitliche Sicht auf das Investment-Objekt. Die Ergebnisse des Gründerteams werden mittels einer Balance Scorecard dargestellt. Das Scoring-Modell hingegen erweitert die qualitative Analyse um einen quantitativen Part.

In allen vier Kategorien »Wertversprechen, »Geschäftsmodell«, »Innovationsfähigkeit« und »Disruption« wird das Startup bewertet. Die Kategorien gehen dabei mit unterschiedlicher Gewichtung in einen Gesamtscore ein. Diese Gewichtung kann sich je nach Branche, Marktbedingungen und Investmentphase leicht verändern, um unterschiedlichen Rahmenbedingungen gerecht zu werden. Eine typische Gewichtung, die ich in den meisten Fällen anwende, bewertet das Kriterium Disruption mit 35 Prozent am stärksten, gefolgt vom Wertversprechen mit 25 Prozent. Die Punkte Geschäftsmodell und die Innovationsfähigkeit gehen zu jeweils 20 Prozent in die Gesamtbewertung ein.

Die Einzelbewertung der Kategorien geschieht auf Grundlage einer 100-Punkte-Skala. Somit gehen die einzelnen Kategorien um ihre Gewichtung bereinigt mit jeweils bis zu 25 Punkten *(Wertversprechen)*, 20 Punkten *(Geschäftsmodell, Innovationsfähigkeit)* und 35 Punkten *(Disruption)* in den Gesamtscore ein. Daraus ergibt sich ein maximaler Gesamtscore von 100 Punkten. Ein besonders schlechtes Startup wird sich also zwischen 0-20 Punkten, ein überwältigend gutes zwischen 80-100 Punkten im Gesamtscore wiederfinden.

Aus dem Ergebnis der Belastbarkeitsbewertung entwickeln Investoren darauf aufbauend ihre Investitionsentscheidung. In der Anfangsphase einer Unternehmensgründung wird die Analyse vor allem durch qualitative Faktoren geprägt, während im Verlauf einer Startup-Entwicklung die quantitativen Zahlen zunehmend an Bedeutung für eine Unternehmensanalyse gewinnen. Die quantitative Betrachtung bildet das Fundament für eine monetäre Bewertung. Im Rahmen der Belastbarkeitsprüfung erarbeiten die Investoren wichtige Themen, seien es Optimierungen am Wertversprechen, seien es funktionelle Erweiterungen am Produkt, die in einer späteren Zusammenarbeit gemeinsam gelöst oder verbessert werden müssen.

Oft bilden die Maßnahmen, die sich aus diesen Herausforderungen ergeben, die Basis für eine Meilensteinplanung *(Kapitel 11)*, welche sich auf den zukünftigen Unternehmenswert beziehungsweise auf die Wertentwicklung positiv oder negativ auswirken kann. Auch knüpfen die Kapitalgeber ihre Investments oft an das Erreichen dieser Ziele. Darüber hinaus kann die Belastbarkeitsbewertung Fehleinschätzungen aufdecken und ganz neue Erkenntnisse produzieren, die unter anderem Änderungen im Term Sheet erfordern oder sogar zu Absagen der Investoren führen *(siehe Kapitel 11)*. So kann es zum Beispiel geschehen, dass im Rahmen der Startup-Prüfung gesetzliche Auflagen identifiziert werden, die den Gründern bislang unbekannt waren *(siehe Kapitel 7)*. Ein häufig zu beobachtendes Beispiel dafür sind etwa Zulassungen oder technische Zertifizierungen wie im Falle von Produkten aus der Medizintechnik.

INNOVATIONSFÄHIGKEIT 0-100

- Strategie
- Markt
- Produkte
- Trends
- Netzwerke
- Prozesse
- Kultur
- Wissen/Technologie/IP
- Menschen
- Zusammenspiel der Einzelfaktoren

20 %

GESAMT

35 %

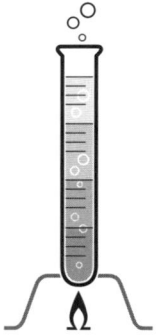

DISRUPTIVITÄT 0-100

- Finanzen
- Markt & Kunden
- Technologie
- Wertschöpfungskette

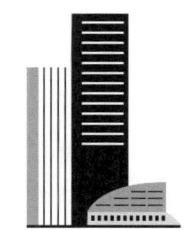

GESCHÄFTSMODELL 0-100

20 %

SCORE

25 %

- Wertversprechen
- Kundensegmente
- Kundenbeziehung
- Kanäle
- Aktivitäten
- Ressourcen
- Partner
- Umsatzströme
- Kosten
- Zusammenspiel der Einzelfaktoren

WERTVERSPRECHEN 0-100

- direkte Faktoren
- indirekte Faktoren
- Zusammenspiel der Einzelfaktoren

FINANZIERUNG LANGFRISTIG PLANEN

Grundsätzlich gilt: Exzellent vorbereitete Startups erhalten immer eine faire Bewertung. Als Zeichen einer guten Vorarbeit erwarten Investment-Manager in der Regel sogar, dass sich Gründer von Beginn an für einen hohen Startup-Wert stark machen und durchaus Nachverhandlungen initiieren oder sogar vorantreiben. Allerdings setzt Letzteres von den jungen Unternehmern die Bereitschaft voraus, die Etappenziele des Gründungsprozesses, die mit dem Investor auf der Basis des Geschäftsplanes festgelegt werden, zu akzeptieren und anzustreben. Stimmen beide Seiten dem Bewertungsergebnis zu, ist die erste Finanzierungsrunde erfolgreich bestanden. Im nächsten Schritt folgen dann auf der Basis des Term Sheets die Beteiligungsverhandlungen und der Abschluss des Finanzierungsvertrages. Doch damit ist die Kapitalsuche nicht automatisch am Ende angelangt. In vielen Startup-Projekten ist es mit einer ersten Kapitalspritze allein nicht getan. Vor allem bei technologisch anspruchsvollen Produkten und einem schnellen Wachstum werden schnell eine zweite, dritte oder sogar vierte Finanzierungsrunde notwendig.

Gründer sollten daher bei der Auswahl des passenden Risikokapitalgebers darauf achten, dass diese an einer langfristigen Zusammenarbeit interessiert und sowohl bereit als auch in der Lage sind, wenn der Startup-Prozess es erfordert, weitere finanzielle Unterstützung zu leisten. Ein herausstechendes Qualitätsmerkmal eines guten Venture Capitalisten ist zudem sein Engagement, dem Startup jederzeit mit seinem Know-how zur Seite zu stehen, damit es die Voraussetzungen für eine exzellente Unternehmensentwicklung erfüllt.

TAKE AWAYS

Mit der Vereinbarung eines Term Sheets erfolgt eine erste Startup-Bewertung.

~

Eine fundierte Unternehmensbewertung analysiert auch weiche Faktoren des Gründungsprozesses wie das Managementteam oder das Marktpotenzial.

~

Der Schlüssel für den Startup-Wert ist die Risikoanalyse.

~

Gängige quantitative Instrumente der klassischen monetären Startup-Bewertung sind die Mulitiplikatoren-, das Discounted Cashflow-, die Venture Capital-Methode sowie die Real Options-Verfahren.

~

Vor allem schnell wachsende Startups benötigen oft mehrere Finanzierungsrunden.

~

Gründer sollten Unternehmensbewertungen immer kritisch hinterfragen und bereit sein nachzuverhandeln.

~

Ein Gründer-Check gibt dem Investor belastbare Ergebnisse des Teamzusammenhalts und der Fähigkeiten jedes einzelnen Gründers an die Hand.

VERTRAUEN erarbeiten & vertraglich GESTALTEN

11

11 VERTRAUEN ERARBEITEN & VERTRAGLICH GESTALTEN

Eine gemeinsam gefundene Unternehmensbewertung ist der Startschuss für eine neue Startup-Phase. Nun müssen Gründer und Investoren die Entwicklung gemeinsam stemmen und bereit sein, an einem Strang zu ziehen. Die Basis dafür legt eine sorgfältig ausgearbeitete Beteiligungs- und Gesellschaftervereinbarung, die in der Regel auch spätere Finanzierungsrunden antizipiert.

Ist die Due Diligence-Prüfung geschafft, geht die Arbeit erst richtig los. Mit den gewonnenen Ergebnissen und dem definierten Term Sheet liegen dem Investor alle notwendigen Informationen vor, um ein finanzielles Engagement zu beurteilen. Entscheidet er sich für ein Investment in das geprüfte Startup, beginnen die Verhandlungen über den Beteiligungsvertrag und die Gesellschaftervereinbarung. Häufig handelt es sich um ein einheitliches Dokument mit zwei Regelungsbereichen: Ziel des Beteiligungsvertrages ist es, die Grundlage für die Kapitalbereitstellung und die Umsetzung der geplanten Beteiligung zu legen, während die Gesellschaftervereinbarung die Zusammenarbeit zwischen Gründern und Kapitalgebern während der Beteiligung normiert.

Der Beteiligungsvertrag regelt unter anderem die Höhe des finanziellen Engagements, Fälligkeiten der Investments sowie die erforderlichen Schritte in der Zusammenarbeit mit Investoren und der damit einhergehenden Verpflichtungen seitens der Gründer. Häufig sieht die Beteiligungsvereinbarung auch Garantien für die Investoren vor. Die Garantien sind von den Gründern abzugeben und sollten aufgrund der damit einhergehenden persönlichen Haftung besonders gründlich geprüft werden.

In der Gesellschaftervereinbarung geht es dagegen um das konkrete Miteinander im Alltag und die beiderseitigen Rechte sowie Pflichten. Gegenstand der Absprachen sind vor allem Informations- und Zustimmungsrechte des Investors, die Exit-Regeln sowie die Anforderungen an das Management.

Eine besondere Situation ergibt sich für Gründer, wenn die Due Diligence-Prüfung *(siehe Kapitel 10)* ein hohes Risiko für den Kapitalgeber aufgedeckt hat. In diesem Fall schlagen Investoren häufig eine schrittweise Kapitalbereitstellung vor, die sich an Meilensteinen in Bezug auf die Entwicklung des Startups orientiert. Eine solche Regelung erfordert jedoch Weitsicht. Zu Beginn eines Gründungsvorhabens, wenn eine Startup-Entwicklung noch unsicher ist, sollten sich Meilensteine nicht an Umsatz- oder Gewinnmargen, sondern an nicht-monetären Kriterien ausrichten. Darunter fallen zum Beispiel Stufen in der Produktentwicklung, die Zahl an Test-Installationen im Markt oder das Gewinnen von »Frühen Konsumenten«. Werden die Meilensteine nicht den Phasen entsprechend festgelegt, besteht die Gefahr, dass der Handlungsspielraum des Startups stark eingeschränkt wird und die Entwicklung den Gesamterfolg aus dem Blick verliert. Zudem kann der gesamte Prozess schnell zur

Zahlenkosmetik oder Stichtaggestaltung mutieren. In späteren Phasen des Wachstums sind betriebswirtschaftliche Ziele durchaus sinnvoll. Monetäre Meilensteine sind dann sogar Pflicht. Denn nur dieser Schritt zwingt alle Gesellschafter dazu, das Startup-Geschäftsmodell frühzeitig dem Feedback des Marktes zu unterwerfen. Unabhängig von der ökonomischen Anknüpfung der Meilensteine ist immer dazu zu raten, diese anhand objektiver Kriterien festzulegen. Um späteren Streit zwischen den Gesellschaftern zu vermeiden, sollte die Ausrichtung so gewählt werden, dass eine dritte, gegebenenfalls branchennahe, Person den Eintritt des Meilensteins eindeutig feststellen kann.

Um Gründern und Investoren gleichermaßen gerecht zu werden, sollten in Meilensteinregelungen bestimmte Entwicklungen antizipiert werden. Neben Absprachen über ein Verfehlen der vereinbarten Ziele zählen dazu auch Bestimmungen über Bonuszahlungen beim Erreichen oder Übertreffen von Zielen. Eine Möglichkeit einer fairen Meilensteinregelung wäre zum Beispiel das Angebot an den Investor, weitere Anteile zu einem günstigeren Preis zu erwerben, wenn die Startup-Entwicklung hinter den Erwartungen bleibt. Häufig sind in diesem Zusammenhang Regelungen zu beobachten, die Investoren Anteile auf Basis des gesamten versprochenen Investmentkapitals garantieren; bei Nichterreichen von Meilensteinen verfallen jedoch bestimmte Teile des Finanzierungsbetrages. Im Falle eines besseren Ergebnisses können zudem Prämien an die Gründer gezahlt oder Anteilsoptionen für die Gründer eingeräumt werden.

Meilensteinregelungen dienen Investoren darüber hinaus als Schutz ihres finanziellen Engagements. Tritt etwa eine

Wertsteigerung später ein als prognostiziert, senkt das die
Eigenkapitalrendite der Kapitalgeber. Ausgleichsvereinbarungen
beugen dieser Entwicklung vor, indem sie die unterschiedlichen
Sichtweisen von Gründern und Investoren verbinden. Während
Gründer meist auf die Bewertung ihres Unternehmens in der
Gegenwart fokussiert sind, betrachten Kapitalgeber das Projekt
ganzheitlich. Für sie haben auch mögliche Bestimmungen für
einen Verkauf ihrer Anteile in der Zukunft eine große Bedeu-
tung. Gründer sollten sich daher gerade im Interesse einer guten
Zusammenarbeit intensiv mit einer ganzheitlichen Betrach-
tungsweise und den Langzeiteffekten ihrer Handlungen und
Verträge auseinandersetzen.

Zu wesentlichen Bestandteilen einer Gesellschaftervereinbarung zählen zudem Regelungen über die Veränderung des
Gesellschafterkreises und damit einhergehende Zustimmungs-
vorbehalte, die Vorgehensweise bei Veräußerung von Geschäfts-
anteilen sowie allgemeine Regelungen zur Gestaltung eines
potenziellen Exits. Dieser Regelungskreis umfasst auch Bestimmungen zu Mitverkaufsrechten sowie Mitverkaufspflichten der
Gesellschafter.

Beteiligungs- und Gesellschaftervereinbarungen sind komplexe Regelungswerke, die für Investoren das »täglich Brot« und
für Gründer eine neue und ernstzunehmende Herausforderung
darstellen. »Häufig können Gründer erst aus der Zusammen-
schau aller Regelungen die Attraktivität eines Investmentan-
gebotes bewerten«, sagt Rechtsanwalt Peter Siedlatzek von
der WSS Redpoint Rechtsanwaltsgesellschaft. »So kann das
Angebot eines Investors mit einer niedrigeren Unternehmens-

bewertung attraktiver sein als ein Alternativangebot mit einer höheren Startup-Einschätzung und damit verbundenen Erlösvorzugsrechten oder Meilensteinregelungen. Gründer tun daher gut daran, die Verwendung üblicher Vertragsregelungen schon auf der Ebene eines Term Sheets abzufragen.«

GEMEINSAM DAS UNTERNEHMEN ENTWICKELN

Haben sich Gründer und Investor auf eine Beteiligungs- und Gesellschaftervereinbarung geeinigt und diese unterzeichnet, sind sie gemeinsam in der Verantwortung, das Unternehmen voranzutreiben und den Firmenwert zu entwickeln. Wie dieser Prozess erfolgt, hängt allerdings davon ab, um was für ein Unternehmen es sich handelt. Hightech-Firmen werden sich in den ersten Jahren vor allem um die weitere Forschung und Entwicklung kümmern müssen, Startups aus dem Bereich Software dagegen werden aufgrund ihres Charakters alles versuchen, ihr Produkt sehr schnell mit einer ersten Version im Markt zu etablieren und die Kundenakquisition zu starten. Voraussetzung für eine erfolgreiche Unternehmensentwicklung sind die in Teil 1 dargelegten Punkte. Noch einmal zusammengefasst: Startups benötigen eine fundierte Value Proposition und ein Leistungsangebot, für das auch ein Markt existiert. Ihr Geschäftsmodell muss darauf abzielen, Wachstum zu generieren. Und die gesamte Herangehensweise an das Projekt setzt voraus, dass im Gründerteam eine ganzheitliche Sicht vorherrscht.

Darüber hinaus muss permanent am alltäglichen Umgang mit den Kapitalgebern gearbeitet werden. Die Anforderungen an die Zusammenarbeit unterscheiden sich ganz erheblich nach der Art der Investoren. Geldgeber, die sich aktiv in die Unternehmensentwicklung einbringen, stehen näher an der konkreten Startup-Alltagsarbeit und sind somit urteilsfähiger als passive Investoren. Deshalb muss der Aufbau einer exzellenten Kommunikation und Transparenz zu den Kapitalgebern Priorität besitzen. So sollte es klare Verantwortlichkeiten geben und im Gründerteam ein fester Ansprechpartner für die Investoren benannt werden, der den Kontakt neben dem allgemeinen Reporting pflegt. Diese Vorgehensweise erleichtert es Startups, auf die jeweiligen Investoren mit viel Fingerspitzengefühl individuell einzugehen. Und sie legt die Grundlage für einen professionellen Informationsfluss und eine vertrauensvolle Zusammenarbeit.

Vor allem im Umgang mit Syndikaten fällt dem Ansprechpartner für Investoren eine große Verantwortung im Gründerteam zu. Einerseits muss er konsequent eine gute Kommunikation zum Lead-Investor pflegen, andererseits hat er darauf zu achten, dass alle weiteren Investoren ausreichend Kenntnis über die Startup-Entwicklung und ihre Herausforderungen und Risiken erhalten. Ebenso sollte Grüppchenbildung und Stille Post unter den Investoren – also der Dialog ohne Einbeziehung der Gründer – vermieden werden, sonst drohen schnell Missverständnisse und Konflikte in der Zusammenarbeit.

Gerade in schwierigen Situationen neigen Investoren dazu, unverbindlich zu kommunizieren. Hier müssen Gründer beherzt eingreifen. Sie müssen Verbindlichkeit und Fristen einfordern, am besten durch eine konsequente Dokumentation der kommunizierten Absichtserklärungen und Absprachen. Ein Verzicht darauf führt automatisch zu Ungewissheiten – und das ist Gift für jedes Startup. Investoren zeigt es, dass die Gründer professionell arbeiten.

In diesem Zusammenhang sollten Gründer bereits bei der Auswahl eines Investors auf die Beständigkeit im Team der Investment-Manager achten. Ständig wechselnde Zuständigkeiten oder Mitarbeiterfluktuation auf Seiten der Kapitalgeber erschweren die Zusammenarbeit und eine erfolgreiche Unternehmensentwicklung massiv. Dem operativen Geschäft werden auf diese Weise viel Kraft und Energie entzogen. Erfolgreiche Geschäfte werden letztlich immer durch Menschen gestaltet, die miteinander funktionieren.

FINANZIERUNG DES WACHSTUMS LANGFRISTIG SICHERN

Eine der größten Herausforderung in der Zusammenarbeit zwischen Gründern und Investoren ist es, dafür zu sorgen, dass der Kapitalfluss auf Dauer nicht versiegt. In der Startup-Entwicklung wird es immer wieder zu Situationen kommen, in denen neues Kapital für das weitere Wachstum notwendig ist. Diese Finanzierungsanlässe können von vornherein bekannt sein, etwa wenn gemeinsam vereinbart wurde, dass der Investor nur eine bestimmte Phase, wie zum Beispiel die Entwicklung des Produkts bis zur Marktreife, finanziell begleitet. Frisches Kapital kann aber auch deshalb erforderlich sein, weil die Unternehmensentwicklung hinter den Planungen zurückbleibt und daher die vorhandenen finanziellen Mittel sowie die Erträge nicht ausreichen, um weiteres Wachstum aus dem Cashflow zu finanzieren.

In solchen Situationen müssen Gründer und Investoren eng und vertrauensvoll kooperieren, da sonst das gemeinsame Projekt zu scheitern droht. Es gilt daher, frühzeitig zu planen, denn die Suche nach neuen Kapitalgebern erfordert Zeit, die man unbedingt berücksichtigen muss. Wenn Investoren und Gründer ihre Netzwerke verbinden, steigern sie ihr Potenzial bei der Suche nach neuen finanziellen Mitteln und sind handlungsfähiger. Zudem ermöglichen bestehende Kapitalgeber den Zugang zu neuen Investoren Darüber hinaus sollten hier ebenso die verschiedenen öffentlichen Fördermöglichkeiten ausgelotet werden.

Eine zweite oder spätere Finanzierungsrunde kann ein idealer Zeitpunkt für die Beteiligung eines strategischen Partners sein. Diese ist meist dann sinnvoll, wenn die Zusammenarbeit zu hohen Synergien und einer effizienten Wertentwicklung führt, was zum Beispiel der Fall sein kann, wenn der strategische Partner über wichtige Komplementärtechnologien, einen etablierten Marktzugang oder gar eine beherrschende Stellung im Ökosystem verfügt und dem Startup den Zugang erleichtert. Generell bieten strategische Investoren oft Potenziale, die institutionelle Investoren nicht mitbringen. Diese Vorteile gibt es allerdings nicht umsonst. Strategische Investoren verlangen ebenso wie klassische Kapitalgeber umfassende Mitspracherechte und Kontrolle über das junge Unternehmen. Laut einer Studie der Investmentbank GP Bullhound werden rund 80 Prozent aller Übernahmen von strategischen Partnern vollzogen, die bereits in einer Geschäftsbeziehung zu der Firma standen. Prominentes deutsches Beispiel ist der Autokonzern Daimler. Dessen Tochter Moovel hat im Sommer 2014 die Hamburger Intelligent Apps GmbH, den Betreiber der Taxivermittlungs-App MyTaxi, geschluckt. Moovel hält bereits seit 2012 Anteile an dem Startup. MyTaxi bietet die Vermittlung und Bezahlung von Taxifahrten per Handy ohne Kontakt zur Taxizentrale. Das Angebot ist bereits in 40 Städten bei über 45.000 Taxis nutzbar.

Für die Gründer bedeuten weitere Finanzierungsrunden ebenso eine erneute Due Diligence-Prüfung. Vom Prinzip her läuft das Verfahren genauso wie bei der Erstfinanzierung ab, wobei die neuen Investoren oft höhere Anforderungen stellen. So muss das Startup-Team im Geschäftsplan jetzt genau darlegen, wie es künftige Meilensteine verwirklichen will, ob die bisherigen Ziele erreicht wurden oder was die Gründe für Misserfolge waren. Eine gelebte Fehlerkultur, aus der tatsächlich Verbesserungen entstehen, ist ein Kennzeichen eines professionellen Wachstumsunternehmens. Die potenziellen Kapitalgeber interessiert zudem, wofür und wie wirtschaftlich die finanziellen Mittel der ersten Investoren eingesetzt wurden. Auch werden sie umfassend durchleuchten, ob das Geschäftsmodell nicht nur gut ist, sondern auch im Markt funktioniert und an Veränderungen laufend innovativ angepasst wird *(siehe Kapitel 5)*. Das alles geschieht nicht nur, um das Projekt im Detail zu verstehen, sondern mit einem geschärften Blick auf die Unternehmensbewertung. Einer höheren Bewertung des Startups werden die neuen Investoren nämlich nur dann zustimmen, wenn dessen Entwicklung planmäßig oder positiver verlief. Die Erfahrung zeigt, dass Startup-Projekte, die mit hohen Erwartungen gestartet wurden, diese oft nicht erfüllen und niedriger bewertet werden.

Kommt es zu einer Aufnahme weiterer Kapitalgeber, gilt es, darauf zu achten, dass die bisherigen Partner nicht benachteiligt werden. Ihre Zustimmungspflichten oder Finanzierungsvorrechte müssen genauso berücksichtigt werden wie der Schutz ihrer Anteile, etwa wenn die Unternehmensbewertung in späteren Runden niedriger ausfällt. Zusätzliche Finanzierungsrunden sind ein entscheidender Schritt, um Unternehmensziele in die Tat umzusetzen. Wie viele Runden ein Startup durchlaufen muss, ist sehr unterschiedlich. Letztlich hängt es von seinem inhaltlichen Charakter, den definierten Zielen und den Marktmöglichkeiten ab.

Zwei Beispiele für den Abschluss einer vierten Finanzierungsrunde in 2013 sind die US-Firmen AlienVault und Gynesonics. Beide Firmen verfolgen ambitionierte Ziele, die sich nur über Jahre und mit viel Kapital realisieren lassen. Während der Anbieter von IT-Sicherheitslösungen für kleine und mittlere Unternehmen AlienVault rund 30 Millionen Dollar einsammeln konnte, erhielt der Spezialist für Produkte rund um die Gesundheitsfürsorge von Frauen Gynesonics in der vierten Runde über 21 Millionen Dollar. Ein deutsches Startup, das regelmäßig die eigene Entwicklung durch neue Finanzierungsrunden anheizt, ist die Dresdner Heliatek GmbH aus dem Portfolio des Hightech Investors eCapital AG in Münster. Das weltweit führende Unternehmen in der Herstellung von Solarfolien auf der Basis organischer Materialien stockte im Herbst 2014 im Rahmen der dritten Finanzierungsrunde sein Kapital um 18 Millionen Euro auf. Unabhängig davon, wie viele zusätzliche Finanzierungsrunden sie durchlaufen, stehen alle Startups spätestens nach der Erstfinanzierung vor der gleichen großen Aufgabe: Sie müssen mit den Investoren den späteren Exit, den Verkauf der investierten Anteile, umfassend regeln.

TAKE AWAYS

Der Beteiligungsvertrag und die Gesellschaftervereinbarung
schaffen für die Startup-Partner ein Anreiz- sowie Kontrollsystem
und klären die Risiken.

~

Notwendige Abweichungen vom Term Sheet müssen
umfassend begründet werden.

~

Im Falle hoher Risiken fordern Investoren oft
eine schrittweise Beteiligung, die sich an Meilensteinen in der
Startup-Entwicklung orientiert.

~

Um Gründer sowie Kapitalgeber vor negativen Folgen
abweichender Startup-Entwicklungen zu schützen,
müssen Regeln über das Verfehlen oder Erreichen von Zielen
vereinbart werden.

~

Eine vertrauensvolle Zusammenarbeit zwischen Investoren
und Gründern verlangt eine exzellente Kommunikation
mit festen Ansprechpartnern auf beiden Seiten.

~

Spätere Finanzierungsrunden sind ein idealer Zeitpunkt,
um strategische Partner aufzunehmen, die das Potenzial für
hohe Synergien mitbringen.

*»Einem Unternehmer fehlen beim Firmenverkauf oft Erfahrung und Fachkennt-
nisse, um den besten Deal zu erreichen. Gute M&A-Berater können mit ihrer
Erfahrung aus Hunderten von Transaktionen das Maximum für ihren Mandanten
herausholen. Durch einen strukturierten Verkaufsprozess wird eine hohe
Nachfrage generiert, damit die maximal möglichen Konditionen erzielt werden.«*

JULIAN RIEDLBAUER

GESCHÄFTSFÜHRENDER PARTNER, GP BULLHOUND DEUTSCHLAND

EINSTIEG in den AUSSTIEG

12

12 EINSTIEG IN DEN AUSSTIEG

Von einer vorausschauenden Exit-Strategie profitieren sowohl Gründer als auch Investoren. Eine frühzeitige Planung ist deshalb genauso wichtig wie das Hinzuziehen externer M&A-Berater. Sie erleichtern den Kontakt zu potenziellen Käufern und helfen, die notwendige Due Diligence-Prüfung zu optimieren.

Es klingt vielleicht paradox, doch Gründer sollten bereits bei der Kapitalsuche den Ausstieg der Investoren planen. Warum? Es sei noch einmal daran erinnert: Ziel jedes Investors ist die Vermehrung seines Kapitals. Und dafür strebt er einen attraktiven Exit, den gewinnbringenden Verkauf seiner Startup-Beteiligung an. Die sorgfältige Vorbereitung des Exits ist aber auch deshalb wichtig, weil es den richtigen Zeitpunkt für den Ausstieg nicht gibt.

Die Mehrzahl der Risikokapitalgeber will spätestens nach drei bis acht Jahren Kasse machen. Der Grund hierfür sind meistens Laufzeiten der Venture Capital-Fonds von etwa zehn Jahren. Im Falle eines frühen Desinvestitionszeitpunktes bedeutet das für Gründer, dass ihr Unternehmen weniger anhand finanzieller Kennzahlen als durch immaterielle Faktoren bewertet wird. Damit verbunden sind höhere Risikoabschläge beim Verkaufspreis, sofern das Startup noch nicht den optimalen »Reifegrad« entwickelt hat. Ein späterer Exit führt dagegen – wenn das Startup erfolgreich ist – zu einem höheren Unternehmenswert, geringeren Risikoabschlägen und zur Aussicht auf Synergien. Ein attraktiver Preis lässt sich allerdings nur so lange erzielen, wie Gründer und Investoren ihr Unternehmen im Anstieg oder auf dem Gipfel des Lebenszyklus ihres Marktes veräußern. Warten sie zu lange, wird es fast unmöglich, noch einen akzeptablen Verkaufserlös auszuhandeln, geschweige denn überhaupt Käufer zu finden.

Eine umfassende Exit-Strategie ist also nicht nur im Interesse der Investoren. Sie bietet gerade Gründern vielversprechende neue Perspektiven und Chancen, ihr Geschäft langfristig erfolgreich zu etablieren. So führt die frühzeitige Auseinandersetzung mit dem Exit automatisch dazu, das eigene Unternehmen noch attraktiver und überzeugender für potenzielle Käufer zu gestalten. Wer sich zu spät um das Thema kümmert oder einen Exit gegebenenfalls als Krisenbewältigung betreibt, riskiert, seine Firma unter Wert oder gar nicht mehr zu verkaufen und die Handlungsfreiheit zu verlieren.

DER BÖRSENGANG ALS KÖNIGSWEG ZUM EXIT?

Als Optionen für einen Exit-Prozess, der mindestens sechs bis zwölf Monate umfasst, stehen grundsätzlich drei Wege zur Wahl: der »Börsengang« *(Initial Public Offering IPO)*, der »Trade Sale« und der »Secondary Sale«. In den Medien wird der Gang an die Börse bislang als Königsweg zum Exit propagiert – er soll deutlich mehr Rendite als die anderen Strategien erbringen. In der Realität hat sich das allerdings nur selten bewahrheitet, und in Deutschland ist diese Option derzeit aufgrund von Marktbegrenzungen fast unmöglich. In den meisten Fällen wird daher der Trade Sale praktiziert. Für einen erfolgreichen Börsengang fehlt hierzulande zum einen ein spezielles Segment für Startups, zum anderen hat die globale Finanzkrise das Klima für diese Form des Firmenverkaufs deutlich verschlechtert, und die Erfolgsgeschichten sind selten. Nach einer langen Durststrecke gingen 2014 mit dem Online-Händler Zalando und der Startup-Schmiede Rocket Internet wieder einmal zwei prominente Unternehmen an die Börse. Ob beide allerdings den großen Erfolg des Business-Netzwerks Xing aus dem Jahre 2006 wiederholen können, ist fraglich. Ebenfalls gut vorbereitet war der Gang des bayrischen 3-D-Druck-Unternehmens Voxeljet, der allerdings im Herbst 2013 an der New Yorker Börse Nasdaq erfolgte. Nach anfänglicher Euphorie mit einem Kurshoch von rund 51 Euro hat sich der Aktienkurs Anfang November 2014 bei rund 11 Euro eingependelt. Der Grund: Die anfängliche Euphorie der 3-D-Druck-Branche ist inzwischen der Nüchternheit über die wirklichen Marktchancen gewichen. So machte Voxeljet im Jahr 2013 nicht einmal 20 Millionen Euro Umsatz und muss für 2014 und 2015 mit Verlusten rechnen. Die Marktkapitalisierung von einer drei viertel Milliarde Euro im Kurshoch war in diesem Fall völlig überzogen und führte bei vielen Analysten dazu, die anfängliche Kaufempfehlung zu revidieren.

Der Gang an die Börse ist für Startups nur dann sinnvoll, wenn Gründer ihr Unternehmen dauerhaft als Manager weiterführen und keine oder nur wenige Anteile verkaufen wollen. Das gilt auch, wenn die Gründer nach dem IPO im Aufsichtsrat der Firma verbleiben. Es wirkt sich immer negativ auf die

Kursentwicklung eines Unternehmens aus, wenn das aktuelle Management oder der Aufsichtsrat im Zuge eines Börsengangs im großen Stil Aktien anbieten.

Die derzeit auf dem deutschen Markt meistpraktizierte Exit-Option ist daher der Trade Sale, der Verkauf an einen Konzern oder ein anderes Unternehmen. Ein erfolgreiches Beispiel ist Novaled. Der weltweit führende Hersteller für organische Leuchtdioden *(OLEDs)* erzielte beim Exit an Cheil Industries *(Samsung Electronics)* eine Bewertung von 260 Millionen Euro, inklusive einer erfolgsabhängigen Komponente in Höhe von 30 Millionen Euro.

Beim zunehmend populär werdenden Secondary Sale wiederum wird ein neuer Investor gesucht, der hohe Renditen anstrebt und die Anteile der Alt-Investoren oder Gründer kauft.

Eine weitere Variante ist das »Buyback«. Dabei erwerben die Gründer selbst die Anteile des ausscheidenden Kapitalgebers. Das Buyback ist allerdings eine eher selten praktizierte Exit-Option, da Gründer dafür viel Kapital benötigen, das ihnen dann nicht mehr für Investitionen in ihr operatives Geschäft zur Verfügung steht – sofern die nötigen Mittel überhaupt vorhanden sind. Teilweise finanzieren deshalb Banken ein Buyback.

Eine von vielen Gründern häufig ignorierte, aber gerade in Worst-Case-Situationen durchaus sinnvolle Exit-Strategie ist die Liquidation. Die Geschäftstüren für immer zu schließen kann zum Beispiel eine Option sein, wenn sich ein Markt plötzlich radikal verändert oder eine positive Entwicklung des Startups sich für die Zukunft als aussichtslos darstellt. Da dies immer möglich ist, sollte auch für den Fall der Liquidation rechtzeitig überlegt werden, wie der Prozess erfolgen kann, ohne dass das Startup-Team dabei untergeht.

Damit der Exit ein Erfolg wird, müssen Gründer wie Investoren frühzeitig Kontakt zu möglichen Käufern aufbauen und umfassende Vorbereitungen treffen. Dazu bietet es sich an, auf die Unterstützung versierter Profis für Firmenzusammenschlüsse und -verkäufe, sogenannte M&A-Boutiquen, zurückzugreifen. Wirklich kompetente Berater knüpfen den Zugang zum Käufermarkt und begleiten den Exit-Prozess von der Planung bis zum erfolgreichen Verkauf. Aber Vorsicht: Innerhalb der Mergers- und-Acquisitions-Branche gibt es massive qualitative Unterschiede. Der falsche Partner kann zu einem geringen Verkaufserlös oder sogar zum Scheitern des Projekts führen. Nach Einschätzung von Julian Riedlbauer, geschäftsführender Partner des deutschen Büros der internationalen Investment-Bank GP Bullhound Deutschland, scheitern mit Expertenhilfe nur rund ein Drittel der Exits. Bei Unternehmensverkäufen auf eigene Faust beträgt die Quote 50 Prozent.

Bei der Auswahl geeigneter Exit-Berater sollten Gründer sich auf zwei bis vier M&A-Boutiquen oder Investmentbanken fokussieren. In den Präsentationsgesprächen gilt es herauszufinden, ob die Berater tatsächlich Käufer akquirieren und ihre Markt-, Produkt- sowie Technologie-Erfahrungen durch erfolgreiche Exits belegen können. Dazu gehört auch, Auslandserfahrungen und Vertretungen im entsprechenden Drittland vorzuweisen, wenn das Startup an einen ausländischen Käufer verkaufen möchte. Zudem sollten sich Gründer das konkrete Beratungsteam ausführlich vorstellen lassen. Bei manchen

Anbietern übernehmen Partner die Präsentationen, die in der folgenden Beratungsarbeit nicht involviert sind. Die Kosten der Exitbegleitung variieren unter den M&A-Boutiquen erheblich. Manche von ihnen verlangen Mindesthonorare von bis zu 100.000 Euro plus weiterer Provisionen, um die Deckung der hohen Aufwände auf Seiten der M&A-Berater sicherzustellen; andere wiederum veranschlagen monatliche Gebühren, die bis zu 20.000 Euro plus Verkaufsprovisionen in Höhe von bis zu 6 Prozent umfassen können. Abzuraten ist von Anbietern, die eine Vielzahl an Mandaten ohne umfangreiche Beratungsleistungen betreuen.

DAS STARTUP AUF HOCHGLANZ BRINGEN

Rund 80 Prozent der Startups werden von Käufern übernommen, die bereits teilweise in einer langjährigen partnerschaftlichen Geschäftsbeziehung zu den Gründern stehen, Kunden oder Lieferanten des Startups sind oder Beteiligungen an dem Unternehmen halten. Ergänzt um das Netzwerk der M&A-Boutiquen liefern diese Kontakte eine solide Grundlage für die nächsten Schritte. Vor allem in technologieorientierten Branchen sind diese potenziellen Käufer an drei Faktoren interessiert: dem Know-how der Mitarbeiter, der innovativen Technologie sowie dem Marktpotenzial. Dafür sind sie auch bereit, einen deutlichen Aufschlag zu zahlen.

Bevor es so weit ist, müssen Startup und M&A-Berater allerdings ihre Hausaufgaben erledigen. Die wichtigste Herausforderung ist es, eine überzeugende Präsentation der Startup-

Entwicklung zu konzipieren, die alle Chancen und Risiken detailliert umfasst und den Nerv interessierter Käufer trifft. Am Anfang dieser sogenannten Equity-Story muss das vorrangige Verkaufsargument festgelegt werden. Dabei wird zwischen einem technologiezentrierten und einem geschäftsorientierten Ansatz unterschieden. Im ersten Fall stehen als Verkaufsargument das umfassende Know-how der Mitarbeiter, Schutzrechte etwa in Form von Patenten und Technologie im Vordergrund.

Beim geschäftsorientierten Ansatz liegt der Schwerpunkt dagegen auf den exzellenten Chancen im Markt und seiner Durchdringung sowie auf den exzellenten Kundenbeziehungen. Der Verkaufswert wird aber vor allem in den Hightech-Branchen je nach Unternehmen und Geschäftsmodell noch von zahlreichen weiteren Faktoren beeinflusst. Dazu zählen etwa neben hohen Wachstumsraten oder gewinn- und umsatzträchtigen Nischenmärkten Schlüsselkunden, Teamexpertise, Technologievorsprung, eine attraktive Markenbekanntheit, ein hoher Geldumschlag oder Synergien mit anderen Leistungsangeboten. Ein geschäftsorientierter Ansatz erfordert allerdings ein hohes Umsatzvolumen und einen hohen Unternehmensgewinn, die sich nach dem Exit deutlich positiv in der Bilanz des Käufers niederschlagen. Während Käufer in Europa eher versuchen, einen möglichst günstigen Preis zu erzielen, kaufen US-Unternehmen bzw. -Investoren durchaus auch mit Blick auf attraktive Unternehmenswerte, die sich durch eine lukrative Kombination aus Technologie und Marktdurchdringung begründen. Ihr Ziel neben den Rendite-Erwartungen ist es, ein komplettes Ökosystem zu erschließen. Die anteilige Zahlung erfolgt in diesem Fall oft in Form von Aktien.

Aufbauend auf den Verkaufsargumenten wird ein umfangreicher Verkaufsprospekt verfasst, das sogenannte Factbook, der ohne weiteres 30 bis 60 Seiten umfassen kann und über die wirtschaftliche Entwicklung des Unternehmens berichtet. Zudem muss die Equity Story einen detaillierten Business Plan beinhalten, der durch strategische Wachstumsoptionen ergänzt werden kann, die auf den jeweiligen potenziellen Käufer zugeschnitten sind, inklusive eines Finanzierungsmodells unter Einbezug der Synergien des Käufers. Häufig wird ein sogenannter Synergy-Case auch gemeinsam mit dem Käufer im Verkaufsprozess erarbeitet. Weitere unverzichtbare Unterlagen für eine erfolgreiche Exit-Strategie sind eine Zusammenfassung der Startup-Historie und der Zukunftspotenziale in Form einer kompakten Managementpräsentation. Letztere dient als Grundlage für die Gespräche mit Investoren. Darüber hinaus muss immer eine Kurzfassung zwischen zwei und zehn Seiten für den Erstkontakt mit Kaufinteressenten *(Short Profile)* bereitstehen.

Um die Chancen auf einen hohen Verkaufspreis zu steigern, sollten in der ersten Phase des Exit-Prozesses mindestens 20 bis 50 potenzielle Käufer identifiziert und kontaktiert werden, was einen Zeitaufwand von vier bis sechs Wochen bedeuten kann. In der zweiten Exit-Phase, die sich mindestens über die nächsten zwei bis drei Monate zieht, wird die Zahl der Interessenten anhand von schriftlichen Korrespondenzen, Managementpräsentationen, intensiven Gesprächen, Roadshows oder Unternehmensführungen sukzessive reduziert. Anschließend werden die potenziellen Käufer gebeten, ein nicht-bindendes indikatives Angebot abzugeben. Durch den Vergleich dieser Kaufabsichten ermitteln Gründer und Investoren die attraktivsten Interessenten. Bevor es jedoch zur Unterzeichnung des Term Sheets kommt, können Nachverhandlungen sinnvoll sein. Eine Garantie für die Abgabe einer hohen Zahl an vielversprechenden indikativen Angeboten haben selbst die gefragtesten Unternehmen nicht. Manche erhalten nur eines, andere bis zu zehn. Nach der Auswertung der Unterlagen beginnt die dritte Phase des Exit-Prozesses. Neben der für den Verkauf relevanten Due Diligence-Prüfung – ein detaillierter Risiko-Check, der in Kapitel 10 ausführlich dargestellt wird – umfasst sie auch die konkreten Vertragsverhandlungen für den Verkaufsabschluss.

DIE DUE DILIGENCE-PRÜFUNG OPTIMAL GESTALTEN

Ein umfassender Risiko-Check eines Startups lässt sich nicht auf Knopfdruck durchführen. Er muss gut vorbereitet und dann sehr konzentriert durchgeführt werden, damit keine Zusatzkosten durch das Beheben von formalen Fehlern entstehen. Käufer von Unternehmen wollen wissen, ob die Zukunftsperspektive ihres Wunschobjektes realistisch ist, und sie wollen einen angemessenen Preis zahlen. Außerdem wollen sie sichergehen, dass keine Risiken im Unternehmen sind, die nach Kauf der Firma Probleme bereiten könnten. Deshalb muss ein Unternehmen vor dem Verkauf umfassend auf seine Stärken und Schwächen geprüft werden. Ziel ist die Feststellung eines aktuellen Firmenwertes, der Risiken und der Zukunftspotenziale. Grundlage der Prüfung ist ein Term Sheet, das vorab mit den Investoren vereinbart wurde. Dieses Papier definiert alle Details *(siehe Kapitel 9)* über das Beteiligungsverhältnis, zu denen die Inhalte einer Due Diligence-Prüfung sowie der Ablauf und die rechtliche Gestaltung des Exits zählen.

Der Risiko-Check erstreckt sich dabei auf eine Vielzahl von Themen. Die wichtigsten Finanzkennzahlen wie Bilanzen, Cashflow und Jahresabschlüsse stehen dabei genauso im Zentrum wie künftige Geschäftsszenarien, Schutzrechte, die technologischen Entwicklungen sowie Ausstattungen, alle Rechtsverträge und die steuerliche Historie. Wie bei allen Schritten der Kapitalsuche und der Exit-Gestaltung gilt auch hier: Eine gute Vorbereitung ist entscheidend, wenn Gründer den Prozess mitgestalten wollen. Das verlangt von ihnen zunächst einmal die Bereitschaft, die Schwachpunkte des eigenen Geschäfts selbst zu identifizieren. Dann sind alle für die Prüfungen wichtigen Dokumente zu erfassen und aussagefähig aufzubereiten. In diesem Zusammenhang ist auch eine strenge Sicherung der Daten zu organisieren.

Darüber hinaus sollten sich die Gründer mit den Verfahren der Unternehmensbewertung vertraut machen, um die Ergebnisse selbst nachvollziehen zu können und die Bewertungsansätze gegebenenfalls mit den Käufern zu diskutieren. Die im Falle eines Exits üblichen Bewertungsansätze sind die gleichen monetären Methoden, die auch in der Seed-Phase sowie der ersten Finanzierungsrunde häufig eingesetzt werden: das Mulitplikatorenmodell und das Discounted Cashflow-Verfahren *(siehe Kapitel 10)*.

Im Falle eines Exits von Technologiefirmen ist vor allem die Multiplikatormethode von Bedeutung. Mit ihrer Hilfe lässt sich der Unternehmenswert anhand von Vergleichen mit zum

Beispiel an der Börse notierten Firmen oder der Abwicklung anderer Exits berechnen. Doch auch hier zählt die Frage der Belastbarkeit, denn selbst wenn die Zahlen eines Unternehmens sehr gut sind, entscheiden die weichen Faktoren wie Wertversprechen, Wachstumsrate, Geschäftsmodell, Innovationsfähigkeit, Lebenszyklus und Zukunftspotenzial über die künftige Entwicklung. Häufig wird mit dem attraktivsten Käufer Exklusivität vereinbart und die Due Diligence mit nur einem Interessenten durchgeführt. Erfahrungsgemäß gelingt es Gründern und Investoren in weniger als einem Drittel der Fälle, mit mehreren potenziellen Käufern den Wettbewerb auch in der Prüfung aufrechtzuerhalten. Grundsätzlich werden die Ergebnisse der Due Diligence abschließend gemeinsam, mit den Anteilseignern wie auch den Kaufinteressenten, besprochen. Von den Gründern wird dabei die Bereitschaft erwartet, mögliche Probleme oder Verkaufshindernisse kreativ zu lösen.

CLEVER VERHANDELN

Der Schlüssel für eine erfolgreiche Exit-Strategie ist die Hauptaufgabe der dritten Phase, des Verhandlungsprozesses. Wer so weit gekommen ist, scheitert erfahrungsgemäß kaum noch, da die grundlegenden Punkte ja bereits im Term Sheet festgehalten worden sind. Dennoch können aufgrund der Due Diligence-Ergebnisse noch ungelöste Probleme bestehen oder neue Risiken auftauchen, die erneut verhandelt werden müssen. So verlangen potenzielle Käufer von den Gründern möglicherweise weitere Rückstellungen als zusätzliche Absicherung und damit einen niedrigeren Unternehmenswert oder weitergehende Garantien im Kaufvertrag. Gleichzeitig wollen die Gründer eher die Ertragsperspektive und damit ihren Unternehmenswert erhöhen. Zudem muss der Verkaufsabschluss rechtlich bindend konkretisiert werden. Deshalb sind hier taktisches Geschick, Standfestigkeit und Geduld gefragt.

Vor dem Einstieg in die Gespräche mit den potenziellen Käufern müssen sich Gründer und ihre beratenden Partner über das gemeinsame Vorgehen einigen: Wie offensiv oder riskant soll verhandelt werden? Ab welchem Mindestverkaufspreis werden die Verhandlungen abgebrochen? Ist ein Scheitern der Gespräche akzeptabel? Gleichzeitig gilt es, auch die Rollen für die Verhandlungen zu definieren. So macht es durchaus Sinn, wenn der beratende Partner oder der transaktionserfahrene Anwalt das Image des Bad Guy, des kritischen, zögerlichen und den Wettbewerb anfachenden Verhandlungsführers demonstriert und das Startup sich als kompromissbereit profiliert. Das darf allerdings nie so weit gehen, dass es zu massiven Verstimmungen zwischen den Gesprächspartnern kommt, denn im Falle eines Verkaufs müssen die Gründer mit den Käufern während der sogenannten Earn Out-Phase nicht selten noch bis zu fünf Jahre zusammenarbeiten.

DEN AUSSTIEG RICHTIG GESTALTEN

Die Fähigkeit zu pokern, gehört ebenfalls zu einer guten Verhandlungsstrategie, um einen attraktiven Verkaufspreis zu erzielen. Aus diesem Grund sollten Gründer immer den Eindruck vermitteln, dass jedes Zugeständnis an die potenziellen Käufer hart erkämpft ist. Das bedeutet, bereit zu sein, ein Angebot spontan abzulehnen oder den Mut zu haben, den Preis zu erhöhen, nachdem die indikativen Angebote vorliegen. Außerdem kann das Argument einer garantierten Exklusivität in der Due Diligence-Prüfung eingesetzt werden, um bessere Exit-Konditionen auszuhandeln. Weitere preistreibende Verhandlungsmaßnahmen sind gezielte Unterbrechungen oder der Weg der kleinen Schritte, um sich immer wieder abzustimmen. Elementar ist zudem das Schaffen einer positiven Atmosphäre gegenüber den Käufern am Ende jeder Sitzung. Absolute Pflicht in der Verhandlungsphase: Eine konkrete Deadline, bis zu der die verbleibenden Kaufinteressenten ihr endgültiges Angebot vorlegen müssen.

Unabhängig davon, welche Exit-Option am Ende gewählt wird – wichtig ist, dass die Verträge über den Anteilskauf sorgfältig und mit Fairness verhandelt und gestaltet werden. Selbst wenn klar ist, welches Exit-Szenario bevorzugt wird, gibt es eine Fülle an Fragen zu klären. Dazu zählen unter anderem der Preis, die Art und Weise der Zahlung, die Höhe des treuhänderisch hinterlegten Betrages, Nachverhandlungen der Due Diligence-Ergebnisse oder Garantien der Gründer und Anteilseigner. Auch können schlechtere Unternehmensentwicklungen im Vergleich zum Vorjahr die Diskussionen über die Exit-Vereinbarungen anheizen. Schließlich muss auch nicht jeder Verkauf zur Folge haben, dass der Gründer das Unternehmen verlässt. Oft wollen sie im kleinen Rahmen weiter beteiligt bleiben oder wünschen gewisse Informationsrechte. Angesichts der Komplexität der zu klärenden Themen müssen deshalb immer Fachanwälte und Steuerberater beauftragt werden.

TAKE AWAYS

*Eine professionelle Suche nach Kapitalgebern
umfasst auch eine Exit-Strategie.*

~

*Die drei wichtigsten Exit-Optionen sind der
Börsengang, der Trade Sale, der Secondary Sale.*

~

*Die Bedingungen für den Königsweg
einer Exit-Strategie, den Börsengang, haben in
Deutschland Nachbesserungsbedarf.*

~

*Startups sollten bei der Umsetzung des Exits einen
professionellen Partner hinzuziehen.*

~

*Potenzielle Käufer lassen sich nur mit einer
überzeugenden Equity-Story gewinnen.*

~

*Die Verhandlungsphase ist der Schlüssel für einen
erfolgreichen Exit-Abschluss.*

SCHLUSSBETRACHTUNG

Zum Schluss möchte ich noch einige wichtige Aspekte ansprechen, die mir in der Zusammenarbeit mit Gründern und Investoren immer wieder auffallen.

Die jungen Unternehmer, die ich bisher kennengelernt habe,
wissen meistens, welche Klippen und Felsen sie auf ihrem Weg
zum Erfolg überwinden müssen. Eines der größten Hindernisse
ist das Zögern gleich zu Beginn. Viele Gründer haben große
Angst vor Fehlern und wollen sich hundertprozentig sicher sein,
bevor sie den ersten Schritt und weitere unternehmen. Doch
das ständige Beschäftigen mit sich selbst, das Einholen von Rat-
schlägen oder das Studieren unzähliger Fachbücher schafft nicht
einen Funken Gewissheit. Diese kommt erst, wenn man der
Tatsache ins Auge sieht, dass jeder Gründer – genauso wie jeder
etablierte Unternehmer – Fehler macht. Das ist völlig normal,
selbst dann, wenn die Vorbereitung exzellent ist. Ein Startup
entwickelt sich nun mal erst durch das unmittelbare Agieren im
Markt. Entscheidend für den Erfolg sind also das Tun und eine
angemessene Fehlerkultur!

Viele Startups neigen dazu, aufwendige Businesspläne zu
schreiben, Szenarien immer wieder durchzurechnen oder plausible Annahmen aufzustellen. Dabei ist es oft besser, aktiv zu
werden und erste Kontakte zu potenziellen Kunden, strategischen Partnern, Meinungsbildnern sowie Förderern zu knüpfen,
um sich mit dem Ökosystem zu vernetzen. Und selbstverständ-

lich ist es eine der wichtigsten Aufgaben, das Leistungsportfolio fortwährend weiterzuentwickeln, da dies den Markterfolg beschleunigt.

Es kann nicht oft genug wiederholt werden: Eine sorgfältig initiierte und umgesetzte Frühphasenfinanzierung ermöglicht Gründern einen optimalen Markteintritt. Natürlich dürfen sie sich nie ausruhen. Es gibt keinen Freifahrtschein auf dem Weg zum Erfolg. Von zentraler Bedeutung ist ein funktionierender Innovationsprozess. Investoren wollen sehen, dass dieser gelingt – dadurch, dass die Gründer ihn leben und erste Erfahrungen im Markt sammeln. Mit einem erfolgreichen Proof of Concept lassen sich wachstumsorientierte Venture Capitalisten begeistern.

Gründer sollen groß denken. Das bedeutet aber nicht, dass sie die Realitäten aus den Augen verlieren und Hirngespinste verfolgen dürfen. Ihre Strategien müssen realistisch bleiben, die Hausaufgaben sind zu erledigen, die Strategie ist konzentriert umzusetzen. Nicht zuletzt ist es wichtig, sich die richtigen Mitarbeiter an Bord zu holen.

Überhaupt ist das passende Team ein entscheidender Hebel für das gesamte Gründungsprojekt. Nur wenn sich Menschen über die fachliche Qualifikation hinaus mit Leidenschaft dem gemeinsamen Vorhaben widmen, wenn sie die gleichen Ziele verfolgen und ihre Stärken sich ideal ergänzen, kann das Projekt gelingen. Ein konstruktives Umfeld ermöglicht einen offenen Austausch über jeden Schritt des Startup-Prozesses, in dem jedes Optimierungspotenzial ernsthaft geprüft wird. Die Gemeinschaft ist es auch, die erst den Aufbau eines wirksamen Netzwerks mit potenziellen Kunden, Geschäftspartnern, Investoren und künftigen Mitarbeitern ermöglicht. Ohne ein Netzwerk, das seine Arme überallhin ausstrecken kann und jede noch so kleine Chance ergreift, kann ein Startup heute nicht am Markt bestehen.

Über allem steht jedoch eine Eigenschaft, die unverzichtbar ist: Kontinuität und Durchhaltevermögen! Das belegen die erfolgreichsten und berühmten Gründer. Sie gaben selbst bei Misserfolgen nie auf, glaubten an ihre Vision und gingen mutig ihren Weg. Dafür wurden sie belohnt, denn ihnen gelang es, bestehende Märkte zu revolutionieren oder ganz neue zu schaffen.

Gründer sollten sich daher bewusst machen, dass es immer anders kommt als zunächst angenommen. Der Weg der Etablierung dauert immer länger als gedacht. Und: Es ist immer mit Gegenwind zu rechnen und mit Phasen, in denen die Aussicht auf einen späteren Erfolg mehr als zweifelhaft erscheinen kann.

Wer das akzeptiert, muss zwangsläufig als Unternehmer drei wichtige Charaktereigenschaften mitbringen. Gründer müssen flexibel sein, konservativ planen, jedoch mutig und selbstkritisch agieren. Wer sichergehen will, dass er oder sie noch auf dem richtigen Weg ist, sollte sich immer wieder die folgenden Fragen stellen:

- Hat mein Produkt wirklich etwas Einmaliges, das ein relevantes Kundenproblem löst und somit gebraucht wird?
- Stehe ich wirklich zu hundert Prozent hinter dem Produkt und würde es selbst kaufen, wenn ich nicht Gründer des Unternehmens wäre?

- Wäre ich auch nach fünf Jahren und ohne Exit-Strategie noch bereit, an meiner Idee festzuhalten?
- Kann ich mich auf meine Geschäftspartner absolut verlassen?
- Ist allen Beteiligten klar, was es bedeutet, für den Startup-Erfolg in allen anderen Lebensbereichen Zugeständnisse zu machen?
- Bin ich bereit, auch in Jahren ohne durchschlagenden finanziellen Erfolg an dem Startup festzuhalten?

Nur wenn Sie jede dieser Fragen mit einem klaren Ja beantworten können, sollten Sie Ihr Vorhaben weiter stringent verfolgen.

DIE RICHTIGEN KAPITALGEBER FINDEN

Selbst wenn Gründer alles richtig machen, müssen sie der Tatsache ins Auge blicken, dass Erfolg im Markt nie von ihnen allein abhängt. Auch sie sind letztlich nur ein Baustein im gesamten Startup-Prozess und im Marktgeschehen.

Die meisten Startups benötigen zudem eines: Investoren, die ihnen das für ihre Unternehmensentwicklung zwingend nötige Kapital zur Verfügung stellen. Dazu ist es allerdings erforderlich, dass ein Startup auch investorentauglich ist. Was es dazu bedarf, habe ich ausführlich dargelegt. Es geht im Kern darum, dass die elementaren Erfolgsfaktoren wie Wertversprechen, Geschäftsmodell, Disruptions- und Innovationsfähigkeit den Ansprüchen von Kunden genügen – dann genügen sie auch den Anforderungen der Investoren. Ist dies nicht der Fall, gilt es, die im Rahmen einer Bewertung identifizierten Schwachstellen zu beheben und dem Vorhaben ein solides Fundament zu geben. Erst dann sollte die Investorensuche beginnen.

Gründern ist zu empfehlen, genau zu prüfen, mit welchen Kapitalgebern sie zusammenarbeiten möchten. Ob institutionelle Investoren, Business Angels oder vermögende Unternehmerfamilien – Kapitalgeber unterscheiden sich enorm in der Art und Weise, wie sie ihr Business verstehen und betreiben. Manche sind in erster Linie renditegetrieben, wollen schnell durch einen Exit möglichst hohe Gewinne einfahren. Andere haben bei ihren Engagements stärker die mittel- wie langfristigen Perspektiven im Blick.

Für Gründer ist meiner Meinung nach von Vorteil, wenn sie Investoren an Bord haben, die über viel unternehmerische Erfahrungen verfügen und die Werte auch leben, die mit Unternehmertum verbunden sind. Wem es gelingt, private Kapitalgeber wie Business Angels oder Unternehmerfamilien von seinem Vorhaben zu überzeugen, kann sicher sein, dass diese sich in der Regel hochmotiviert engagieren. Diese Kapitalgeber sind, da sie ausschließlich ihr eigenes Geld investieren, flexibler und wegen ihrer eigenen Erfahrungen auch eher bereit, einem Startup zusätzlich Zeit zur Entwicklung einzuräumen.

Auch wenn es einem Startup gelingt, mit Investoren zusammenzuarbeiten, die unternehmerisch geprägt und erfahren sind, und auch wenn die Chemie zwischen ihnen perfekt stimmt: Jeder Kapitalgeber möchte sein investiertes Geld vermehren. Selbst diejenigen, die im direkten Umgang mit Gründern fairer, unbürokratischer, konzilianter und fördernder sind, erwarten sich ordentliche Renditen von ihrer Beteiligungen. Die Wachstumsperspektive muss stimmen, und die Gründer müssen sie realistisch und plausibel darstellen können.

Seit geraumer Zeit ist festzustellen, dass der institutionelle Finanzmarkt rückläufig ist, während sich die Anzahl der aktiven Business Angels und der investitionsbereiten Unternehmerfamilien erhöht hat. Für Gründer ist diese Tendenz aus den dargelegten Gründen positiv zu werten.

Gerade wegen dieser Entwicklung wäre es wünschenswert, dass der Gesetzgeber die Relevanz innovativer Startups für die heimische Wirtschaft und für den Wohlstand der Bevölkerung erkennen würde. Bürokratische Hürden und steuerrechtliche Hemmnisse sind abzubauen, damit mehr Vermögende bereit sind, ihr Geld in Startups zu investieren. Aufgabe der Politik ist es, die Rahmenbedingungen für Kapitalgeber so zu gestalten, dass ein investitionsfreundliches Anreizsystem entsteht. Dieses Buch soll dazu beitragen, ein politisches, wirtschaftliches und gesellschaftliches Bewusstsein zu fördern, das notwendig ist, damit Deutschland gründerfreundlicher wird – zum Wohle aller Beteiligten!

Nachholbedarf haben aber auch viele Gründer. Oftmals sind sie zu blauäugig, etwa was die Zusammenarbeit mit Investoren betrifft. Häufig mangelt es ihnen zudem an der erforderlichen Professionalität beim Innovationsprozess. Vielen fällt es schwer, die Business Angels und vermögenden Unternehmerfamilien zu identifizieren, die für sie als Kapitalgeber in Frage kommen können. Erschwert wird die Suche dadurch, dass viele Business

Angels selbst einen Professionalisierungsbedarf haben. Entsprechend schwierig ist es, sie zu kontaktieren. Trotzdem lohnt sich meines Erachtens der Aufwand, gezielt den Kontakt zu Business Angels und Unternehmerfamilien zu suchen, um zukunftsorientiert zusammenzuarbeiten.

Einfacher ist der Weg zu institutionellen Investoren. Bei der Auswahl ist darauf zu achten, dass sie Startups auch unternehmerisch beraten können. Sie sollten zudem in der Lage sein, Abläufe so zu steuern, dass der Innovationsprozess funktioniert bzw. eine Neuausrichtung gelingt. Selbstverständlich ist dies – leider – nicht, schließlich sind Investoren in erster Linie ausgewiesene Finanzexperten, die sich auch als solche definieren und verstehen. Im Ideal betrachten es Investoren allerdings auch als eine ihrer Aufgaben, auf ein Startup unternehmerisch einzuwirken. Dafür benötigen Kapitalgeber die unternehmerischen Umsetzungskompetenzen. Und das ist auch wichtig und richtig. Denn Kapital und Unternehmensentwicklung lassen sich nur dann trennen, wenn der Proof of Concept erbracht wurde und wenn es in erster Linie darum geht, zu skalieren.

Gründer wie Investoren müssen daher ihre Komfortzone verlassen. Die Zusammenarbeit zwischen ihnen sollte offen und konstruktiv sein. Beide Seiten sollten wissen, was der jeweils andere Partner erwartet und leisten kann. Nur dann ist es möglich, den Gründungs- und Finanzierungsprozess neu zu denken und so zu gestalten, dass die künftige Wertentwicklung des Unternehmens positiv und für beide Seiten profitabel ist.

Ich lade alle interessierten Unternehmer, Gründer, Investoren und Politiker dazu ein, all diese Themen mit mir zu diskutieren, damit jeder von uns seinen Beitrag für einen gründerfreundlichen Venture Capital-Markt leisten kann. In diesem Sinne habe ich das dafür aus meiner Sicht notwendige Wissen in diesem Buch zusammengefasst. Es dient als Landkarte, um Ausgangspunkte im Startup-Prozess in immer neue Ziele zu verwandeln. Vor allem aber möchte ich damit einen Beitrag leisten, die hervorragenden Ideen deutscher Gründer, die unser Zusammenleben und unseren Alltag enorm verbessern würden, für Kunden erlebbar zu machen – und den Innovationsstandort Deutschland auch in Zukunft zu stärken.

DANKSAGUNG

Ich danke allen Kunden, Partnern und Unterstützern, die mich während des Schreibens mit wertvollen Anregungen, Diskussionen, Kommentaren und Meinungen engagiert begleitet haben.

Mein Dank gilt:

- Dr. Stephan Beyer, Investment Director
  Ventegis Capital AG
- Jörg Binnenbrücker, Managing Partner
  Capnamic Ventures GmbH
- Oliver Borrmann, Vorstandsvorsitzender
  bmp Beteiligungsmanagement AG
- Dr. Michael Brandkamp, Sprecher der Geschäftsführung
  High-Tech Gründerfonds GmbH
- Philipp Depiereux, Geschäftsführer
  etventure GmbH
- Harald Heidemann, Vorstandsvorsitzender
  S-UBG AG
- Claus-Georg Müller, Vorstandsvorsitzender
  mic AG
- Julian Riedlbauer, Geschäftsführer
  GP Bullhound GmbH
- Bernd Schrüfer, Geschäftsführer
  ASTUTIA Ventures GmbH

- Dr. Christian Schütz, Partner
  b-to-v Partners AG
- Dirk Stader, Geschäftsführer
  Media Venture GmbH

Weit über das normale Maß hinaus haben sich Dr. Peter Wolff, Geschäftsführer Enjoy Venture Management GmbH, und David Jetel, Geschäftsführer Sirius Venture Partners GmbH, mit Impulsen und Feedback eingebracht.

Bei Dr. Peter Güllmann, Sprecher des Vorstands Bundesverband Deutscher Kapitalbeteiligungsgesellschaften e.V., dem Bundesvorsitzenden der FDP, Christian Lindner sowie Wolfgang Lubert, Vorstand Private Equity Forum NRW e.V. bedanke ich mich herzlich dafür, dass sie bereit waren, ein Vorwort zu verfassen.

Last, but not least möchte ich mich sehr herzlich bei denen bedanken, die mir während des Projekts organisatorisch oder mit Rat und Tat zur Seite standen: Susanne Schneider-Benninghoff, Sabrina Müller, Stefanie Zillikens, Peter Biewald, Engelbert Hörmannsdorfer, Stefan Büchter, Attila Dahmann, Markus Grundmann, Humberto Duarte, Tim Schikora, Daniel M. Richter, Sandra Betz, Sonja Leppin, Elmar Tannert, Dr. Michael Gestmann, Erik Prochnow, Dr. Marco Boksteen, Peter Siedlatzek und Christin Friedrich.

Dem GoingPublic Verlag – besonders Andreas Potthoff und Mathias Renz – danke ich für das Vertrauen und die Bereitschaft, dieses Buch zu verlegen.

SVEN VON LOH

GRÜNDER UND GESCHÄFTSFÜHRER

SVL – ENTREPRENEURIAL PARTNERS (GMBH)

»Über den Markterfolg eines Startups
entscheidet nicht das am Anfang verfügbare Investitionskapital,
sondern ein professionell gestalteter Innovationsprozess.«

SVEN VON LOH

WEGWEISER ZUM MAXIMALEN RETURN ON INVEST

Innovationen und Unternehmensentwicklung – das sind Sven von Lohs Leidenschaften. Gemeinsam mit seinem Team aus Innovations- wie Technologie-Experten unterstützt er Business Angels, Seed-Fonds, Family Offices sowie Mittelständler und Konzerne bei der Analyse, Bewertung und Optimierung von Startups und Wachstumsunternehmen.

Ein Schwerpunkt seiner Arbeit ist die Durchführung von Analysen vor einem Investment. Dabei werden neben den elementaren Erfolgsfaktoren wie u. a. Wertversprechen, Geschäftsmodell, Disruptions- und Innovationsfähigkeit über 650 Merkmale erfasst. Das Ergebnis identifiziert und bewertet die jeweiligen Stärken bzw. Schwächen des untersuchten Unternehmens. Zudem zeigt es, welche strategischen Entwicklungs-Optionen es gibt. Deutlich wird zum Beispiel, wie sich der jeweilige Unternehmenswert steigern und ein Vorhaben finanzierungsfähig machen lässt.

Sven von Loh unterstützt zudem Portfoliounternehmen in Worst-Case- und Turnaround-Situationen. Sein vorrangiges Ziel ist es dabei, einen dynamischen Prozess zu implementieren, der den Firmen wieder ein gesundes Wachstum, eine langfristige Wertsteigerung und einen maximalen Return on Investment eröffnet. Vorrangiges Ziel ist es, die strategischen und operativen Schwachstellen bei der Unternehmensentwicklung zu identifizieren. Anschließend erarbeitet von Loh Lösungsvorschläge, die er auf Wunsch auch operativ umsetzt und begleitet.